高校土木工程专业规划教材

土木工程常用软件与应用
——PKPM、ABAQUS 和 MATLAB

王言磊　李芦钰　侯吉林　安永辉　编

中国建筑工业出版社

图书在版编目(CIP)数据

土木工程常用软件与应用——PKPM、ABAQUS 和 MATLAB/
王言磊等编. —北京：中国建筑工业出版社，2017.1
高校土木工程专业规划教材
ISBN 978-7-112-20307-9

Ⅰ.①土… Ⅱ.①王… Ⅲ.①土木工程-应用软件-高等学校-
教材 Ⅳ.①TU-39

中国版本图书馆 CIP 数据核字(2017)第 010697 号

　　本书选择了最常用、也最具有代表性的 3 个土木工程软件：PKPM
(国内最通用的结构设计软件)、ABAQUS(最强大的非线性结构分析软
件) 和 MATLAB(最强大的矩阵计算软件)。其中 PKPM 软件以一个框
架-剪力墙结构为典型案例，从结构建模、结构计算、墙梁柱施工图设计
到基础设计进行了讲解，可满足一般本科毕业设计要求；ABAQUS 软件
以一个工字钢梁和一个钢筋混凝土梁为典型案例，讲授了从结构建模、计
算到分析结果后处理的全过程；MATLAB 软件在讲授基本操作的基础
上，介绍了典型桁架结构的矩阵位移法和有限单元法的编程方法。本书基
于典型案例来对这三个软件进行详细讲解，读者可通过举一反三的方法，
基本掌握这三个软件，实现快速学习的目的。

　　本书适用于高等院校土木工程专业学生、结构设计人员和计算机软件
爱好者使用。

　　　　责任编辑：李天虹
　　　　责任校对：王宇枢　党　蕾

高校土木工程专业规划教材
土木工程常用软件与应用
——PKPM、ABAQUS 和 MATLAB
王言磊　李芦钰　侯吉林　安永辉　编

*

中国建筑工业出版社出版、发行(北京海淀三里河路 9 号)
各地新华书店、建筑书店经销
北京红光制版公司制版
北京市安泰印刷厂印刷

*

开本：787×1092 毫米　1/16　印张：14¾　字数：353 千字
2017 年 4 月第一版　　2017 年 4 月第一次印刷
定价：**38.00** 元
ISBN 978-7-112-20307-9
(29630)

前　　言

为了使土木工程专业学生和结构设计人员能尽快获得工程结构计算机辅助设计的专业技能，按照《高等学校土木工程本科指导性专业规范》的要求，结合卓越工程师培养计划，根据编者多年来的教学和工程设计经验，编写了本书。由于目前土木工程专业软件众多，但同类软件功能不尽相同，因此本书选择了最常用、也最具有代表性的三个土木工程软件：PKPM（国内最通用的结构设计软件）、ABAQUS（最强大的非线性结构分析软件）和 MATLAB（强大的矩阵计算软件）。

本书的主要特色如下：

1. 三个软件（PKPM、ABAQUS 和 MATLAB）讲授内容将分别与土木工程专业本科生的三大核心课程（本科毕设、混凝土结构和结构力学）密切相关

本书中 PKPM 部分将与土木工程专业本科生的毕业设计密切相关：目前土木工程专业本科毕业设计大都会用到 PKPM 软件，本书中 PKPM 软件部分将以一个框架-剪力墙结构作为典型案例进行讲解，读者学会 PKPM 软件部分后，即可轻松完成相关本科毕设。本书中 ABAQUS 软件部分将与土木工程专业本科生的核心课程之一《混凝土结构》中的课程试验部分（少筋梁、适筋梁和超筋梁试验）密切相关：教会读者如何利用大型商业有限元软件 ABAQUS 对这三种钢筋混凝土梁进行详细内力分析，读者可将有限元分析结果与试验值进行对比分析，全面体会有限元软件分析的魅力。本书中 MATLAB 软件部分将与土木工程专业本科生的核心课程之一《结构力学》中的矩阵位移法和有限单元法密切相关：教会读者如何利用 MATLAB 软件进行编程，实现一个桁架结构的矩阵位移法和有限单元法的分析。

2. 三个软件（PKPM、ABAQUS 和 MATLAB）讲授内容的选择是基于本科－硕士课程衔接的目的

土木工程专业的硕士研究生毕业后大部分走向结构设计的岗位，而在国内设计院中 PKPM 软件占有 90％以上的市场；土木工程专业硕士研究生在相关试验完成后，大部分将采用 ABAQUS 软件进行有关数值模拟（ABAQUS 拥有比 ANSYS 更强大的非线性分析能力，尤其适合于钢筋混凝土结构的非线性分析）；目前土木工程专业的硕士研究生在科研过程中自己编写的程序，大都采用简单易学且功能强大的 MATLAB 软件编写的。在本科生阶段通过学习本书的内容后，学生将会更好地融入未来硕士研究生的科研生活中。因此，本书具有本科-硕士课程衔接的功能。

3. 基于典型案例讲解的方法是一种快速有效的讲授方法

由于本书需要讲授三个大型商业软件（PKPM、ABAQUS 和 MATLAB），但读者的学习课时有限，如采用常规的按部就班的讲解方法肯定是行不通的。为此，本书将基于典型案例来对三个软件进行详细讲解，读者可通过举一反三的方法，初步掌握这三个软件，实现快速学习的目的。

计算软件虽然可以带来方便，但由于计算机只是执行命令，所以错误的计算模型将带来错误的结果。因此，设计人员需要根据相关理论和经验来判断结果的正确性。世界著名结构工程专家、有限元大师 Edward L Wilson 教授曾经说过："除非你已完全理解了程序采用的理论和近似方法，否则绝不使用任何一个结构分析程序；在没有清楚地定义荷载、材料属性以及边界条件之前，不要创建计算机模型；那种认为所谓人工智能的电脑将要取代具有创造力的大脑的观点是对结构工程师的侮辱。"

本书适合高等院校土木工程专业学生、结构设计人员和计算机软件爱好者使用。

本书由大连理工大学王言磊、李芦钰、侯吉林和安永辉编写，其中第 1～4 章由王言磊编写，第 5、6 章由侯吉林编写，第 7、8 章由安永辉编写，第 9、10 章由李芦钰编写，全书由王言磊统稿。

本书在编写过程中得到了研究生王永帅、张祎男、王奇、秦涵、崔鹏、梁启刚、魏光阳、王鹏飞和王四杰（排名不分先后）的大力协助，没有他们的辛勤付出，本书不可能最终成稿。本书的出版还获得了大连理工大学教材出版基金项目（项目编号：JC2016013）的资助。在此，编者谨向对本书编写工作提供无私帮助的研究生和大连理工大学教材出版基金表达诚挚的感谢！

在本书编写过程中，编者参考了大量文献，在此谨向这些文献的作者表示衷心的感谢！虽然编写过程中力求叙述准确、完善，但由于编者水平有限，书中难免有疏漏和错误之处，恳请广大读者批评指正。

编　者

目　录

第一篇

PKPM 软件

本篇要点

本篇介绍 PKPM 软件，面向初学者以及拥有一定设计经验的人员。通过一个实例，使读者了解 PKPM 结构软件从建立模型、计算分析、基础设计到绘制施工图的全过程操作。

本篇突出重点，抓住关键，阐述以下重要模块：

- PMCAD 建模及荷载输入
- SATWE 结构空间有限元分析
- 板墙梁柱施工图设计
- JCCAD 基础设计

第 1 章　PMCAD 建模及荷载输入

🎓 **本章重点**

1. 了解 PMCAD 模块功能。
2. 熟悉 PMCAD 建模的基本流程。
3. 掌握建模过程中相关参数设置。

PKPM 系列软件系统是一套集建筑设计、结构设计、设备设计、节能设计于一体的大型建筑工程综合 CAD 系统。它在国内建筑设计行业占有绝对优势，是我国建筑行业应用最广泛的一套 CAD 系统。

1.1　PMCAD 建模基本概述

1.1.1　PMCAD 功能

PMCAD 是 PKPM 系列结构设计软件的核心，它建立的全楼结构模型是 PKPM 各二维、三维结构计算软件的前期部分，也是梁、柱、剪力墙、楼板等施工图设计软件和基础设计软件的必备接口软件。

其功能主要包括：

◆ 人机交互方式建立全楼结构模型。

◆ 能够自动导算荷载，并自动计算结构自重，建立恒活荷载库。

◆ 为各种计算模型提供计算所需数据。

◆ 为上部结构各绘图 CAD 模块提供结构构件的精确尺寸。

◆ 为 JCCAD 模块提供底层结构布置与轴网布置，并且提供上部结构传下的恒活荷载。

◆ 绘制各种类型结构的结构平面图和楼板配筋图。

◆ 多高层钢结构的三维建模从 PMCAD 展开，包括丰富的型钢截面和组合截面。

1.1.2　PMCAD 重要操作方式

◆ 鼠标左键：同键盘<Enter>键，用于确认输出等。

◆ 鼠标右键：同键盘<Esc>键，用于否定、放弃、返回菜单等。

◆ 鼠标中滑轮：① 滑轮滚动：向上滚动，放大视图；向下滚动，缩小视图。

　　　　　　　② 滑轮按下并移动：用于拖动平移图形。

◆ <Ctrl>键＋鼠标中滑轮按下移动：进行三维观测时，旋转模型即改变三维观测角度。

◆ <U>键：用于取消上一步操作。

◆ <S>键：用于选择光标捕捉方式。

- ◆ <F1>键：打开帮助。
- ◆ <F3>键：网格捕捉开关。
- ◆ <Ctrl>键＋<F1>键：节点捕捉开关。
- ◆ <F4>键：角度捕捉开关。
- ◆ <F5>键：重新显示图形。
- ◆ <F6>键：铺满显示。
- ◆ <F9>键：设置功能键参数，例如设置捕捉参数、圆弧精度等。
- ◆ <Tab>键：用于变换图素选择方式。

1.1.3 文件管理

1. 创建工作目录

双击桌面 PKPM 快捷图标，进入 PKPM 界面，选择上方菜单专项的【结构】，点击【PMCAD】，则 PMCAD 主菜单如图 1.1-1 所示。

图 1.1-1 PMCAD 主菜单

首次打开工作目录，默认目录为"C：\PKPMWORK"，点击右侧【改变目录】，创建一个新的适当的文件夹；或者选择已经存在的某个目录。选择完毕后点击【应用】。

💡 提示

每做一项新的工程，都应建立一个新的子目录，并在新子目录中进行操作，这样不同工程的数据才不致混淆。

2. 输入 PM 工程名

上一步点击【应用】后，进入建模工作状态，弹出【请输入 pm 工程名】对话框，如图 1.1-2 所示，此时输入便于用户记忆的工程名即可；但用户需要注意名称总字节数不应大于 20 个英文字符或 10 个中文字符，且不能存在特殊字符。

图 1.1-2　输出工程名对话框

例如输入"六层框剪结构"，单击【确定】，进入建模主界面。如图 1.1-3 所示。

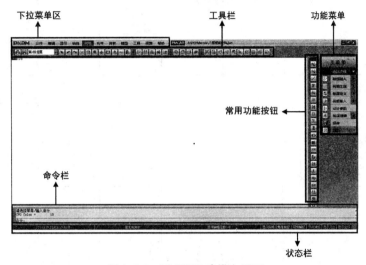

图 1.1-3　PMCAD 建模主界面

3. 工作数据备份保存

在 PMCAD 主菜单界面，即图 1.1-1 左下角，点击【文件存储管理】按钮，打开【PKPM 设计数据存取管理】对话框，用户可以选择需要保存的文件，如图 1.1-4 所示对话框部分截图。选择数据文件完毕后，点击【下一步】，在新的对话框中点击【开始备份数据】，则 PKPM 将自动按照 rar 格式压缩打包。

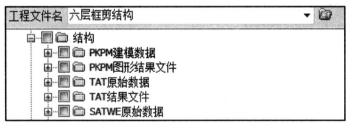

图 1.1-4　设计数据存取管理对话框截图

1.2　建筑模型与荷载施加

1.2.1　工程概况

该工程为六层框剪结构，7 度（0.1g）抗震设防，楼面层恒荷载为 4 kN/m²，活荷载为 2kN/m²，屋面层恒荷载为 2 kN/m²，活荷载为 2 kN/m²，基本风压为 0.65kN/m²，标准层平面轴网图如图 1.2-1 所示。

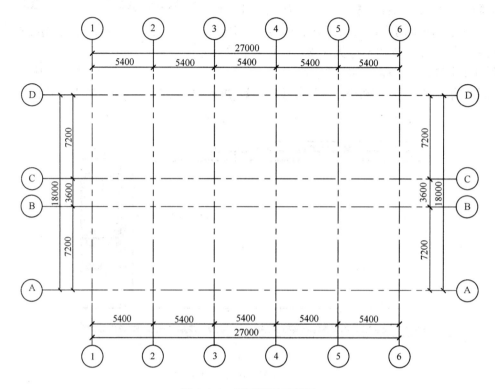

图 1.2-1　标准层平面简图

1.2.2　轴线输入

轴线输入前，需要了解一下标准层。由于在结构的各层，结构构件的布置以及荷载的施加等方面可能不同，于是产生结构标准层的概念。PMCAD 是通过建立平面模型，利用平面模型进行全楼组装，实现整楼模型的建立。所以首先应该根据结构平面布置，划分各结构标准层，进而利用各标准层进行整楼模型的组装。

💡 提示

　　一般情况下，对于结构平面布置中，构件平面位置相同，构件截面形状、尺寸相同，荷载情况相同的结构层可以归为同一标准层。

进入 PMCAD 建模主界面后，点击右侧功能菜单第一项【轴线输入】，将显示其下拉菜单。PMCAD 提供多种轴线输入方式，如下：

1. 图形显示区直接绘制轴线

（1）键盘坐标输入方式

键盘坐标输入方式是输入轴线的基本方法。该方式是在十字光标出现后，在命令栏直接输入绝对坐标、相对坐标或极坐标值。方法如下（R 为极距，A 为角度）：

绝对直角坐标输入："！ X，Y，Z"

相对（上一次输入点）直角坐标输入："X，Y，Z"

绝对极坐标输入：！R<A

相对极坐标输入：R<A

画直线时试着按<F3>、<F4>，用网格和角度控制线条的角度和长度，随着线条的移动，请注意屏幕右下角坐标及角度的变化。

💡 提示

----

(1) 绝对坐标输入，前面应加"！"。

(2) 沿坐标轴方向为正，圆弧逆时针方向为正。

----

(2) 鼠标结合键盘坐标输入方式

直接用鼠标在图形显示区点取绘制轴线，不易确定轴线长度，所以用鼠标给出方向角，用键盘输入相对距离。这种配合使用的方式，使轴线绘制方便、快捷。

练习 1-1　鼠标＋键盘追踪方式

如果绘制一条直线，端点坐标为（0，0）和（5400，0），步骤如下：

● 单击右侧功能菜单【坐标输入】/【两点直线】。

● 命令栏输入"！0，0"；点击<Enter>键。

● 将鼠标向右水平移动，出现水平追踪线，此时在命令栏输入"5400"，点击<Enter>键。结果如图 1.2-2 所示。

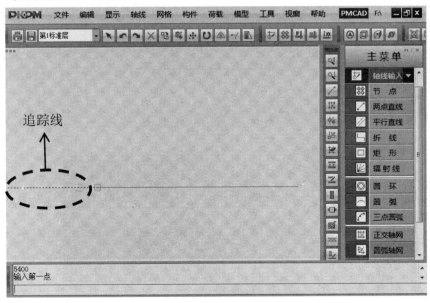

图 1.2-2　鼠标结合键盘坐标输入方式

2. 正交轴网与圆弧轴网

对于大部分建筑工程，都选用正交轴网和圆弧轴网进行绘制，该方法最大优势是快捷、效率高。

【正交轴网】通过定义开间和进深形成正交网格，与天正的轴网绘制类似。其中定义开间是输入横向的坐标，定义进深为输入竖向的坐标。此项在后面例题中详细介绍。

【圆弧轴网】通过定义圆弧开间角与进深形成圆弧网格。下面对圆弧轴网进行讲解。首先打开【圆弧轴网】对话框，默认选择第一项【圆弧开间角】，该项由跨数*跨度表示，例如选择 6 跨，每跨角度为 30°，点击【添加】，如图 1.2-3 所示。若工程中圆弧轴网布置为其他方向，则可以在对话框右下方【旋转角】填入轴网旋转角度，逆时针为正；例如填入"−90"，如图 1.2-3 所示。

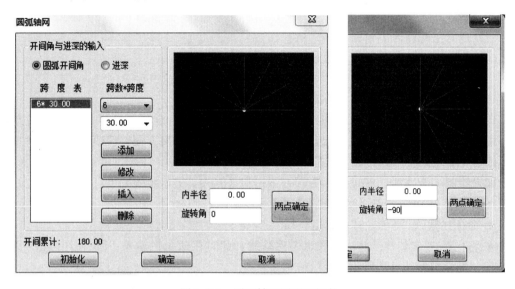

图 1.2-3　圆弧轴网圆弧开间角

绘制完开间角后，决定进深。点击第二项【进深】，该项中【跨数*跨度】设置的对象是中心点起始的任意一条射线，并且跨度此处是指长度而非角度。例如跨数选择 3，跨度选择 3000，点击【添加】。如图 1.2-4 所示。

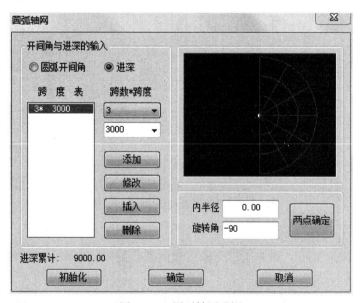

图 1.2-4　圆弧轴网进深

本书所用的六层框剪结构实例，将在每一部分讲解后进行实例操作。下面进行实例的轴网绘制：

- 点击右侧功能菜单的【轴线输入】/【正交轴网】，进入【直线轴网输入】对话框。
- 【下开间】输入 5400 * 5，或者点击常用值。
- 【左开间】7200，3600，7200，如图 1.2-5 所示。
- 点击右下角【确定】，然后鼠标指点起始点，放入视图中。

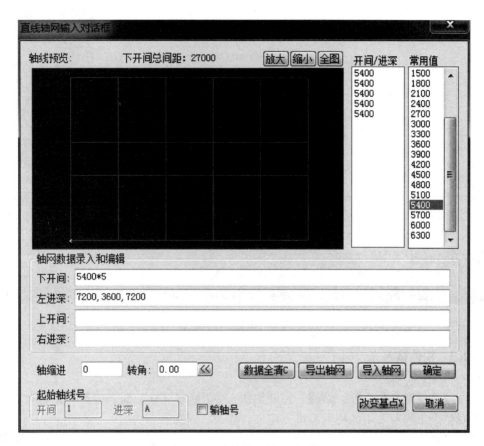

图 1.2-5　直线轴网输入对话框

💡 提示

(1) 对话框中【数据全清】，用于快速清除所有数据，重新输入。

(2) 导出轴网，用于保存常用的轴网；导入轴网，用于快速调入已经保存的轴网。

3. 轴线命名

对于上述轴网，进行轴线命名。操作步骤如下：

- 绘制完轴网后，点击【轴线输入】/【轴线命名】。命令栏出现"轴线名输入：请用光标选择轴线（[Tab]成批输入)"，则按<Tab>键，选择成批输入。
- 按照命令栏提示，移动光标在屏幕中点取最左边的竖向轴线。
- 按照提示，移去不需要的标准的轴线，本例没有，则点击<Esc>键。

- 此时要求输入起始轴线名,输入"1"并按下<Enter>键。完成了竖向轴的命名。
- 按照类似方法,对横向轴进行命名,起始名为"A"。完成后,如图 1.2-6 所示。

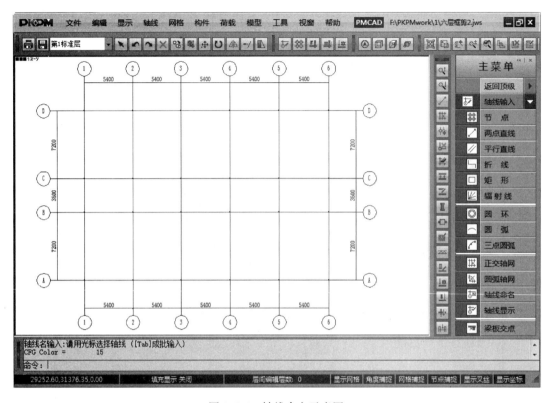

图 1.2-6 轴线命名示意图

1.2.3 构件输入

1. 柱布置

点击【楼层定义】/【柱布置】,打开如图 1.2-7 所示【柱截面列表】对话框,该对话框用于对整个工程所采用的柱类型进行定义、修改、删除和布置。

点击【新建】选项,弹出【输入标准柱参数】对话框,如图 1.2-8 所示。

① 截面类型:点击截面类型后方的方框,弹出截面类型选择框,如图 1.2-9 所示。

图 1.2-7 柱截面列表

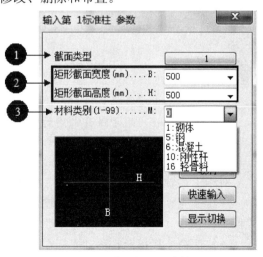

图 1.2-8 输入标准柱参数

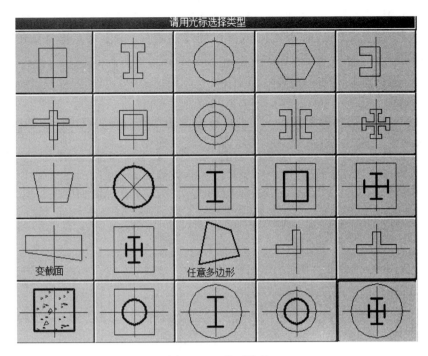

图 1.2-9　截面类型

目前 PKPM 提供柱 25 种截面类型供用户选择。

　　② 矩形截面尺寸：在①截面类型中，选择方形柱，所以此处需要输入矩形截面的长度与宽度尺寸。

　　③ 材料类别：如图 1.2-8 所示，提供的柱材料有"砌体、钢、混凝土、刚性杆、轻骨料"。用户可以通过下拉菜单点击选取材料，或者直接输入材料前方代表数字即可。

　　上述柱参数输入完毕后，点击【确定】，则柱类型将出现在【柱截面列表】中，选中刚刚定义的柱截面，点击对话框中【布置】项，或者直接双击需要布置的柱，将弹出如图 1.2-10 所示柱布置对话框。

图 1.2-10

　　下面对柱布置对话框进行介绍：

　　① 沿轴偏心：沿柱截面宽度方向（转角方向）相对于节点的偏心，右偏为正。

　　② 偏轴偏心：沿柱截面高度方向的偏心（即柱中心与 Y 向轴线的距离）。

　　③ 轴转角：柱截面宽度方向与 X 轴夹角，逆时针为正。

　　④ 柱底标高：柱底相对于本层层底的高度，高于层底为正，低于层底为负。

　　⑤ 构件布置的四种基本方式：

　　◆ 光标方式：以光标选中节点或者网格来布置构件。

　　◆ 轴线方式：按照整条轴线进行选取，布置构件。

　　◆ 窗口方式：按照矩形窗口框选进行选取，布置构件。

　　◆ 围区方式：以任意多边形围选进行构件布置。

接上一节轴线命名后，六层框剪结构实例【柱布置】步骤如下：

• 点击【楼层定义】/【柱布置】，在弹出的【柱截面列表】中点击【新建】，输入柱截面尺寸为"500×500"，材料选用"6混凝土"，点击【确定】。

• 【柱截面列表】中双击刚刚定义的截面为"500×500"的柱子，弹出的【柱布置】对话框中，选择"轴线"布置方式，其他不变。

• 此时将鼠标移动到视图界面，发现鼠标变为矩形框；每次点击一根轴线进行柱布置，直到布置完所有柱。如图1.2-11所示。

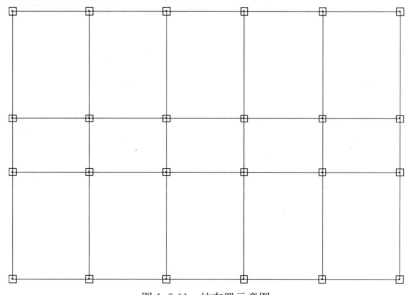

图1.2-11　柱布置示意图

2. 梁布置

梁布置与柱布置类似，默认的梁长为两节点之间的距离，若梁两端标高设置为"0"，则梁上沿与楼层同高。

对实例进行梁布置，步骤如下：

• 点击【主梁布置】，弹出【梁截面列表】，本实例将采用两种截面的梁；点击【新建】，分别输入"250×500"和"300×600"，材料皆为混凝土。点击【确定】。

• 选择"300×600"的梁，点击【布置】，选择"光标"布置方式，其他不变；将其布置在所有跨度为7200的网格线上。将四个角所连接的8根网格线空出，不进行梁布置。

• 双击选择"250×500"的梁，用户可以自行决定选择"光标"或"轴线"方式，将剩余网格线进行梁布置。梁布置如图1.2-12所示。

3. 墙、洞口布置

墙必须布置在网格线上，而且一根网格线只能布置一道墙，默认墙的长度为两节点之间的距离，默认的墙高等于层高。

墙洞布置也需布置在网格线上，而且该网格线上应该已布置墙。墙洞一般包括门、窗及洞口，建立完洞口后点击【布置】，弹出洞口布置对话框，如图1.2-13所示。

其中，定位包括三种方式：

（1）输入正数X：表示洞口位置在距离网格线左端点X处；当输入"1"，则表示洞

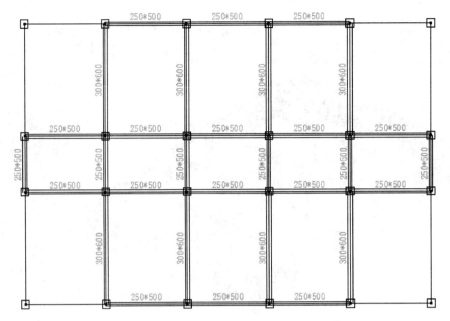

图 1.2-12　梁布置示意图

口位置在左端点处。

（2）输入负数−X：表示洞口位置在距离网格线右端点 X 处；当输入"−1"，则表示洞口位置在网格线右端点处。

（3）输入"0"：表示洞口位置在网格线中间，即居中布置洞口。

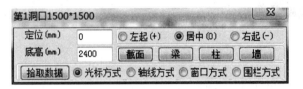

图 1.2-13　洞口布置对话框

下面对六层框剪结构实例进行墙与洞口布置，步骤如下：

• 点击【墙布置】，在弹出的参数对话框中，输入墙厚"300"，材料为"6"，高度已经默认为"0"即等于层高。点击【确定】。

• 双击刚刚定义的墙，选用"光标"布置方式，其他参数不变；通过鼠标点选，将墙布置在之前未布置过梁的 8 根网格线上。

• 点击【洞口布置】，新建"1500×1500"的洞口，点击【确定】。

• 双击上述洞口，在洞口布置对话框中，【定位】选择居中，【底高】输入"2400"，选择"光标"布置方式，点击前面布置的 8 面墙，完成洞口布置。

• 点击【视窗】/【透视视图】，然后点击【实时渲染】，则显示前面所建立模型的三维视图，如图 1.2-14 所示。

提示

（1）洞口必须为矩形，其他形状的需简化近似为矩形。

（2）【洞口布置】对话框中【底高】即底部标高，表示洞口下皮距本层地面的高度（也就是常说的窗台高，窗洞一般取 900/1000）。

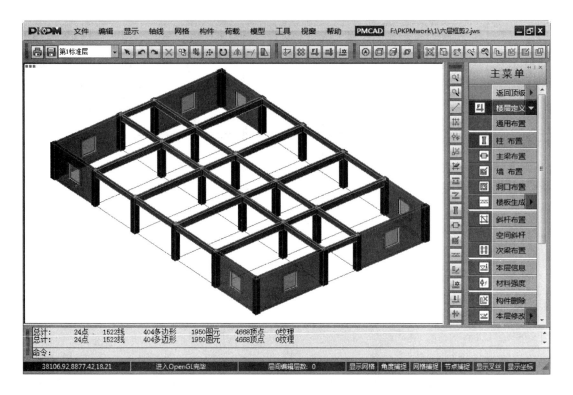

图 1.2-14　墙、洞口实体三维视图

4. 楼板生成

（1）生成楼板

当首次点击【楼板生成】时，会弹出如图 1.2-15 所示对话框，用户点击【是】即可，PKPM 会自动生成楼板，默认板厚在【本层信息】中设置，这部分后面讲解。

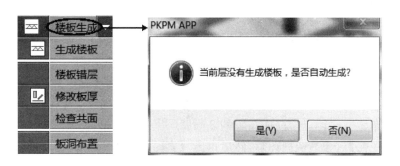

图 1.2-15　楼板生成

对于跨度大于 4m 的板，一般取板厚 120，所以本书实例采用板厚为 120，点击【楼板生成】，由 PKPM 自动生成板厚。

（2）楼板错层

【楼板错层】选项用于设置部分房间标高与本层标高存在高差的楼板（高差相差不大），该选项不能用于建立错层模型。

（3）修改板厚

【修改板厚】选项用于修改局部楼板的厚度，比如楼梯间，常用方法是将板厚设置为 0；零厚板上可布置均布荷载并且能将荷载近似传导到附近的梁和墙上。所以本书实例对楼梯间进行板厚修改，设置为"0"。

5. 构件删除

进行柱、梁、墙等的构件布置时经常会布置错误，或者模型需要修改时，需要删除构件，点击【构件删除】，弹出对话框如图 1.2-16 所示。

图 1.2-16　构件删除对话框

该对话框中，选择需要删除的构件类型，例如"柱"，选用四种不同的操作方式，在模型视图界面进行删除操作即可。

6. 截面显示

【截面显示】显示的信息包括两部分，第一部分可以选择显示的构件，例如在复杂的结构模型中，用户需要查看特定的结构构件，则可以屏蔽其他构件，此时可以选择该项，关闭显示其他构件；第二部分，用于显示构件截面的数据，例如结构中选用的梁有多种类型，需要显示其截面数据以防止布置偏差。设置构件显示和截面显示的对话框如图 1.2-17 所示。

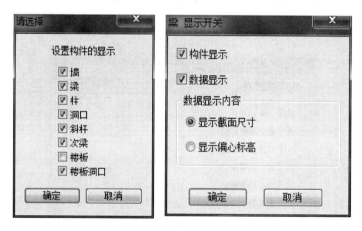

图 1.2-17　构件显示对话框与截面显示对话框

7. 偏心对齐

【偏心对齐】可自动计算偏心距离，点击后弹出下拉子菜单，含有 12 项对齐设置。常用的是【梁与柱齐】和【墙与柱齐】，由于柱子的存在位置尽可能不影响美观，所以常用这两个选项进行设置。

打开本书实例六层框剪结构，进行偏心对齐设置，步骤如下：

• 点击【楼层定义】/【偏心对齐】，选择【梁与柱齐】，按照命令栏提示，点击
<Tab>键转换选择方式，切换至"轴线"方式。

• 鼠标移动至需要偏心的轴线并点击，发现该轴线上所有梁颜色加深；按照命令栏提
示以光标点取参考柱，则点击该轴线上的一根柱子即可；然后以光标点取对齐边的方向；
完成梁的偏移。

• 【墙与柱齐】操作方式与上述的【梁与柱齐】几乎一致，用户可自行操作。两者的
区别如图 1.2-18 所示。

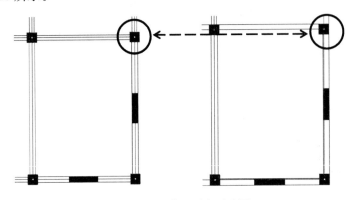

图 1.2-18　偏心对齐对比图

8. 本层信息

【本层信息】包含了构件材料的强度以及板厚等默认信息，用户根据不同工程需要对
该项进行修改。【本层信息】菜单必须执行操作，否则程序会因缺少某工程信息在数据检
查时出错。本书实例采用板厚 120 ，所有钢筋采用偏高级类型钢筋，全部采用 HRB400
级钢筋，层高此处设置为 5000。配置对话框如图 1.2-19 所示。

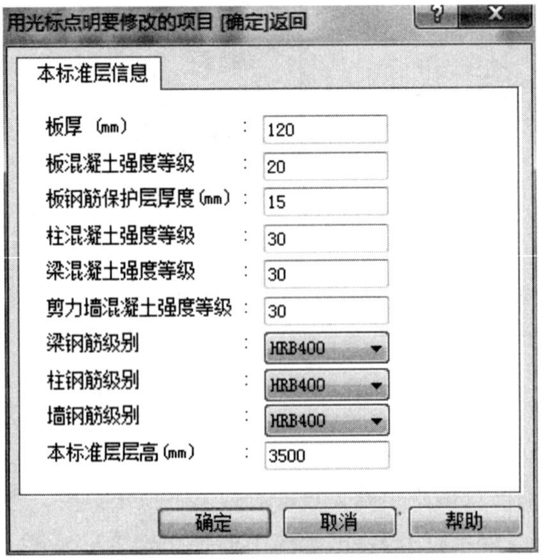

图 1.2-19　标准层信息

【本层信息】对话框中【本标准层层高】仅用于该层进行三维预览时，立面高度的参考值，不决定最终实际层高，层高将在最后的【楼层组装】中进行设置。

1.2.4 荷载输入

点击【荷载输入】展开下拉子菜单，包含上部结构的各类荷载；所有荷载都应输入标准值，因为 PKPM 特点是将荷载设计值和荷载组合值自动生成。竖向荷载向下为正，节点荷载弯矩方向依照右手定则确定。

1. 恒活设置

点击【恒活设置】，弹出荷载定义对话框，如图 1.2-20 所示。

根据楼面情况，在恒载和活载栏输入相应荷载数值。输入楼板荷载前必须先生成楼板，对于楼梯处可以生成零厚度楼板以便施加荷载。

钩选"自动计算现浇楼板自重"，则 PKPM 根据楼板厚度，自动计算楼板的自重，并以均布荷载值施加到楼面。若钩选该选项，则输入的恒载值需要扣除楼板自重，否则会重复考虑。建议钩选该选项。

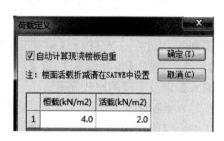

图 1.2-20　荷载定义对话框

【楼面活载折减】将在 SATWE 中设置，因为根据《建筑结构荷载规范》（以下简称《荷载规范》），将楼面活载导算到梁上的折减，对导算到墙上的活荷载没有折减。

2. 楼面荷载

上一个选项是对楼面整体的恒活荷载进行了设置，但是部分房间可能对荷载有不同的需求，所以点击【楼面荷载】可以对部分房间的恒载和活载进行修改；并且该项可以对导荷方式进行选择。

对于楼梯间的荷载，按照设计院常用的方法，将恒载取 8.0 kN/m²，活载取 3.5 kN/m²。通过【楼面荷载】/【楼面恒载】及【楼面活载】进行设置。

【导荷方式】提供了三种荷载传导方式：

◆对边传导：只将荷载向房间两对边传导。对于钢筋混凝土楼板，程序默认的是第二种导荷方式，所以当楼板满足单向板时，可以将导荷方式手动修改为对边传导。

◆梯形三角形传导方式：混凝土楼板默认的导荷方式。

◆周边布置方式：将房间内的总荷载沿房间周长等分为均布荷载布置，对于非矩形房间，程序自动选用这种传导方式。

下面对本书六层框剪结构进行楼面荷载布置，步骤如下：

●打开该工程，点击【荷载输入】/【恒活设置】，钩选"自动计算现浇楼板自重"，恒载输入"4"，活载输入"2"；点击【确定】。

●点击【楼面荷载】/【楼面恒载】，弹出【修改恒载】对话框，如图 1.2-21 所示，用于修改楼梯间的恒活荷载，恒载输入"8"；钩选"同时输入活荷载"，并输入"3.5"，以光标布置方式，点选之前布置板厚为"0"的楼面。

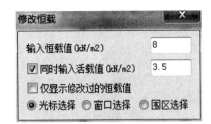

图 1.2-21　修改恒载对话框

作用于梁上，也可以按照此方式进行添加。

点击【梁间荷载】，展开下拉子菜单，该选项的所有子菜单中，主要用到三部分，首先进行【梁荷定义】，然后进行【恒载输入】和【活载输入】以及荷载的修改删除。

（1）梁荷定义

点击【梁荷定义】，弹出【梁荷载】对话框，点击下方的【添加】，弹出【选择荷载类型】对话框，如图 1.2-22 所示。

上述对话框提供了多种荷载类型，点击需要的荷载类型，将弹出荷载类型参数对话框进行荷载值的设置。输入完数值后，点击【确

• 点击【楼面活载】，在【修改活载】对话框中，输入活载值为"2.5"，通过窗口方式布置在结构的走廊。按照《荷载规范》要求，走廊活载为 $2.5\ kN/m^2$。

3. 梁间荷载

对于框架结构及框剪结构，填充墙部分的荷载将以梁间荷载的方式进行布置，或者其他特定荷载

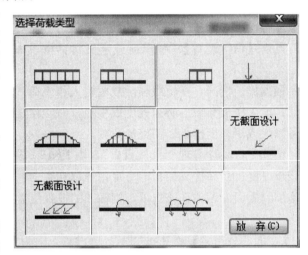

图 1.2-22　选择荷载类型

定】。在【梁荷载】对话框中将出现刚刚定义的荷载值，如图 1.2-23 所示。设置完所有的梁间荷载后，点击【退出】即可。

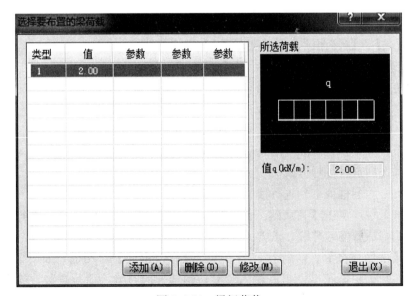

图 1.2-23　梁间荷载

18

（2）恒载、活载输入

点击【恒载输入】，弹出的对话框与【梁荷载】对话框很类似，区别是多了一个【布置】选项。选择之前定义的梁间荷载，点击【布置】；此时根据命令栏提示，通过<Tab>键切换布置方式，然后进行布置。【活载输入】与【恒载输入】步骤相同。

下面对本书六层框剪结构进行梁间荷载布置，步骤如下：

● 打开 PKPM 工程，点击【荷载输入】/【梁间荷载】/【梁荷定义】，点击【添加】，选择均布荷载类型，输入"6.5"，点击【退出】。

● 点击【恒载输入】，选择之前定义的荷载，点击【布置】，以光标和轴线的方式对所有梁进行梁间荷载布置。布置后的示意图如图 1.2-24 所示。

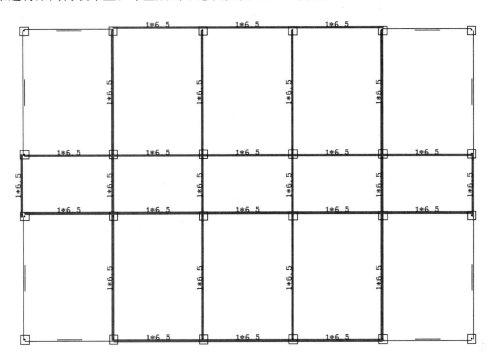

图 1.2-24　梁间荷载布置示意图

1.2.5　添加标准层

前面我们进行了第一个标准层的全部构件及参数设置，对于接下来的标准层，我们可以通过层间复制快速添加标准层。最终将所有标准层进行楼层组装，即可生成整楼模型。

添加新标准层，通过视图左上方【第 1 标准层】的下拉菜单，点击"添加新标准层"，弹出【选择/添加标准层】对话框，如图 1.2-25 所示。选择"全部复制"，点击【确定】。发现左上方标准层框将自动切换至【第 2 标准层】。然后对本层的信息进行修改即可。

下面对本书六层框剪结构进行标准层添加并修改，步骤如下：

● 打开 PKPM 工程，点击"添加新标准层"，在弹出的【选择/添加标准层对话框】，选择【全部复制】，并点击【确定】，即可生成第 2 标准层。

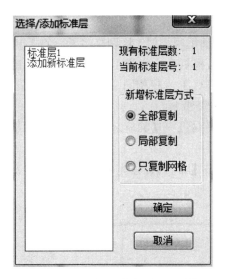

图 1.2-25 选择/添加标准层对话框

● 修改第 2 标准层信息，调整窗洞的高度，点击【楼层定义】/【洞口布置】，选择之前定义的截面为"1500×1500"的矩形洞口，点击【布置】，【底高】输入"900"，【定位】依然选择"居中"。通过光标布置方式布置在此前的洞口位置。

● 点击"添加新标准层"，选择"全部复制"，生成第 3 标准层，此标准层作为顶层。

● 修改第 3 标准层信息，调整顶层的荷载以及楼梯间处板厚。点击【楼层定义】/【楼板生产】/【修改板厚】，将之前板厚为"0"的房间修改为"120"。点击【荷载输入】/【恒活设置】，"恒载"输入"2.0"，活载不变，点击【确定】；然后点击【楼面荷载】，将楼梯间恒载修改为"2"，活载修改为"2"，以及将原来走廊的位置活载修改为"2"。

1.2.6 设计参数

完成结构构件的设置及布置、荷载的输入后，在楼层组装前可设置本结构模型的相关设计参数。点击【设计参数】，将弹出如图 1.2-26 所示对话框，包括五部分：总信息、材料信息、地震信息、风荷载信息、钢筋信息。读者在此可根据介绍进行设置，参数详细的说明在 SATWE 参数设置中介绍，在设计参数中进行的设置会被传递到 SATWE 中。

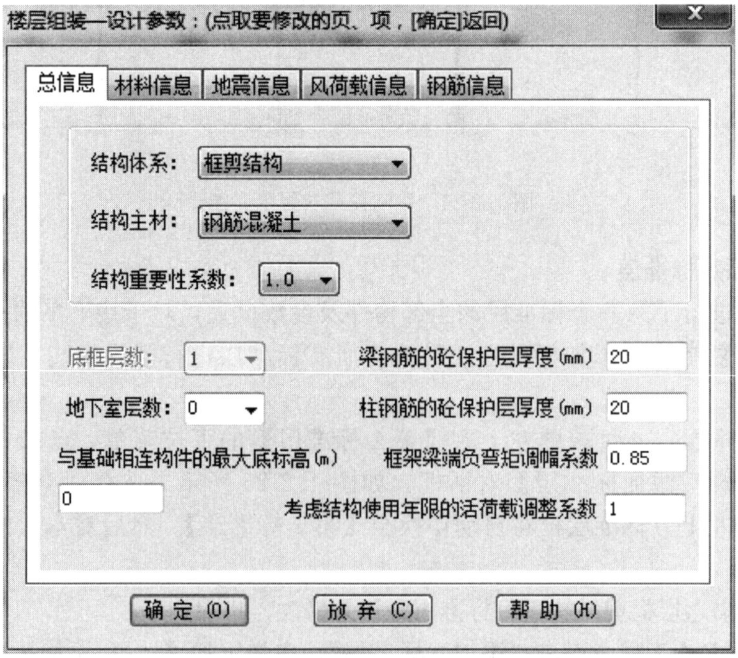

图 1.2-26 设计参数

1. 总信息

总信息标签下，根据工程实际情况进行设置。【结构体系】选择"框剪结构"。【框架梁端负弯矩调幅系数】根据《高层建筑混凝土结构技术规程》（以下简称《高层规程》），对于现浇混凝土结构，框架梁端负弯矩系数一般取 0.8～0.9，所以默认取值 0.85 符合要求。【考虑结构使用年限的活荷载调整系数】根据《荷载规范》要求，设计使用年限为 5年，取值 0.9；设计使用年限为 50 年，取值 1.0；设计使用年限为 100 年，取值 1.1。

2. 材料信息

【混凝土容重】一般情况下取值 $25kN/m^3$，若需要考虑装修层重量时，可将容重增加到 $26～28 N/m^3$。本书实例，所有钢筋均采用 HRB400，通过材料信息进行修正。

3. 地震信息

地震烈度为 7 度（0.1g）抗震设防，场地类别为 II 类。混凝土框架抗震等级选择四级，剪力墙抗震等级选择三级。计算振型个数取 15，周期折减系数取 0.7。

4. 风荷载信息

本书实例所处地区，基本风压为 0.65，地形粗糙度为 B 类。由于结构沿整个高度体型没有发生变化，则选择"1"。

5. 钢筋信息

各类型钢筋强度按照默认即可。

1.2.7 楼层组装

所有的标准层添加并修改完毕后，将进行楼层组装。点击【楼层组装】将弹出如图1.2-27 所示对话框，通过该对话框对楼层进行组装。

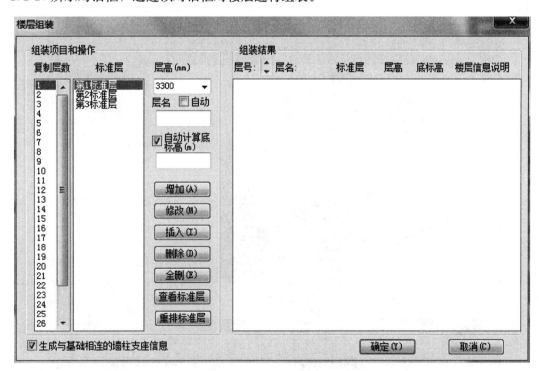

图 1.2-27　楼层组装对话框

楼层组装的方法为：先选择【标准层】，输入层高，选择【复制层数】，点击【添加】，则在右侧【组装结果】中将显示组装后的楼层。首层若需要考虑基础埋深等情况，可以不钩选"自动计算底标高"，而是输入一个标高值。

下面对本书六层框剪结构实例进行楼层组装，步骤如下：

● 打开 PKPM 工程，选择【楼层组装】，先选择【标准层】"第 1 标准层"，复制层数为 1 层，层高为 5000mm；不钩选"自动计算底标高"，并输入"－1.5m"，点击【增加】。

● 【标准层】选择"第 2 标准层"，复制层数为 4 层，层高设为"3500mm"，钩选"自动计算底标高"并删除"－1.5"，程序会自动计算出该层的底标高，点击【增加】。共添加 4 个第 2 标准层。

● 最后【标准层】选择"第 3 标准层"，复制层数为 1，层高"3500mm"，点击【增加】。设置完毕的对话框应该如图 1.2-28 所示。

图 1.2-28　楼层组装设置

● 设置完毕后，点击【整楼模型】，选择"重新组装"，组装完毕后示意图如图 1.2-29 所示。

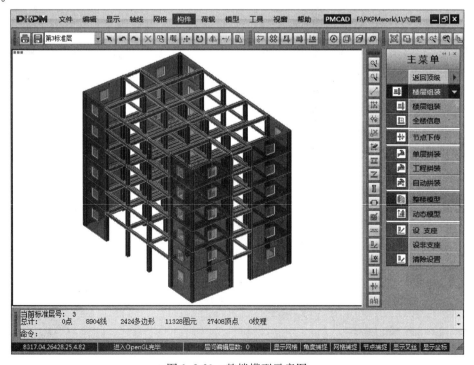

图 1.2-29　整楼模型示意图

1.2.8 保存退出

结构模型创建完毕后，点击【保存】，然后点击【退出】，弹出如图 1.2-30 所示对话框，选择【存盘退出】，用户切记要及时保存建立的模型。

至此，PMCAD 中模型建立的工作已经全部完成。

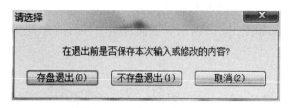

图 1.2-30 保存退出对话框

1.3 平面荷载显示校核

建模完毕后，可以通过 PMCAD 菜单下的【平面荷载显示校核】，检查交互输入和自动导算荷载是否正确。

荷载检查的方法：文本方式和图形方式；楼层检查和全楼检查；横向检查和竖向检查；荷载类型和种类检查。

双击【平面荷载显示校核】，进入平面荷载显示校核界面，如图 1.3-1 所示。

PKPM 默认显示的是首层的楼面恒、活荷载，在上图界面点击右侧的【荷载选择】，弹出【荷载校核选项】对话框。该对话框中，用户可以选择"荷载位置"，"荷载类型"（包括恒载、活载、楼面导算荷载、梁自重、楼板自重等）以及"显示方式"。

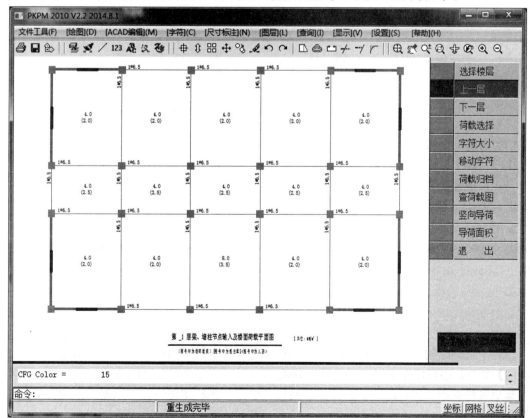

图 1.3-1 平面荷载显示

钩选荷载类型包括恒载、活载、交互输入荷载、梁自重、楼面荷载、楼板自重，显示效果如图 1.3-2 所示。下面对图中各数值含义进行说明。

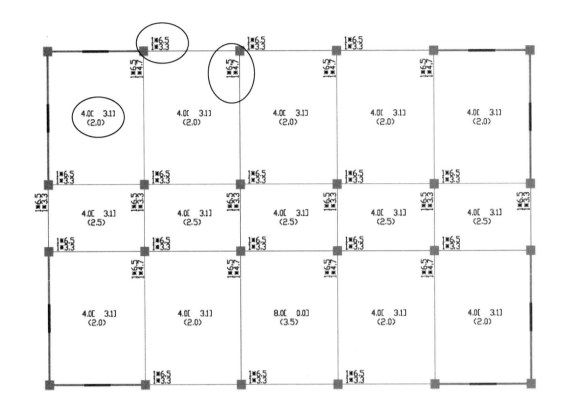

图 1.3-2　第 1 层梁及楼面荷载平面图

楼面板正中间三个数字"4.0［3.1］(2.0)"分别代表"楼面恒载［楼板自重］(楼面活载)"，其中楼面的恒、活为交互式输入荷载，楼板自重可以进行计算验证，楼板厚120mm，混凝土自重我们设置的是 26 kN/m³，我们将自重换算为均布荷载：0.12×26＝3.12 kN/m²，PKPM 保留一位小数即 3.1。

1 * 3.3 与 1 * 4.7 表示的是梁自重转换的均布荷载，梁的尺寸分别为"300×600"和"250×500"，可以通过计算验证：0.25×0.5×26＝3.25kN/m≈3.3kN/m；0.3×0.6×26＝4.68kN/m≈4.7kN/m，验证正确。

1.4　画结构平面图

对于框架结构、框剪结构、剪力墙结构和砖混结构的平面图绘制，需要由【画结构平面图】参与，还可以完成对楼板的计算和配筋。下面结合本书六层框剪结构实例，对本功能菜单进行介绍。用户应在模型计算、调整完毕后，进行楼板施工图绘制。本教程按照程序界面中的顺序依次介绍各个功能。

1.4.1 计算参数

双击【画结构平面图】，进入新的界面，在楼板计算之前，应该先设置计算参数，点击右侧【楼板参数】弹出如图 1.4-1 所示对话框。

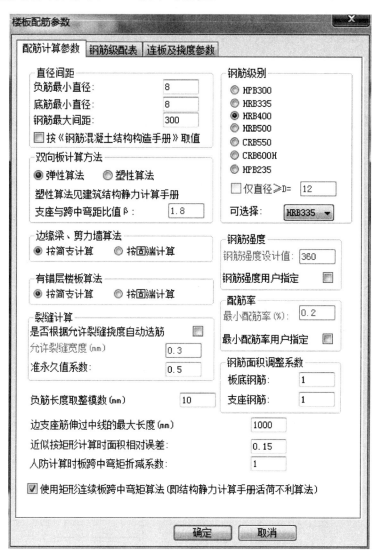

图 1.4-1 计算参数设置对话框

1. 配筋计算参数
（1）直径间距
本书实例采用最小直径为 8mm，钢筋最大间距 300mm。
（2）双向板计算方法
一般选择"弹性算法"，原因是我国的楼板厚度普遍较小，为了减少楼板开裂等不利影响的风险常选用"弹性算法"。
（3）钢筋级别
本书实例选用 HRB400 级钢筋。

2．钢筋级配表

用户可根据选用钢筋的习惯对该表进行修改，建议不要选用直径相同、间距相近的钢筋级配，这样容易造成施工人员错放钢筋。

3．连板及挠度参数

（1）弯矩调幅系数。一般输入"1"，即不进行弯矩调幅。若前面选用"塑性方法"计算，此处宜输入"0.8"。

（2）左（下）、右（上）端支座，一般设置为"铰支"。

1.4.2　楼板计算

点击右侧【楼板计算】展开下拉子菜单。选择【自动计算】，PKPM 程序自动完成对楼层所有房间的楼板内力和配筋计算。

计算完成后，可以点击【房间编号】、【弯矩】、【计算面积】、【实配钢筋】等查看计算结果信息，并且可以点击【计算书】，然后点选某房间楼板将显示其 word 版计算书。

1.4.3　楼板钢筋

完成楼板计算后，可以点击【楼板钢筋】，下拉子菜单提供了多种钢筋布置方式，本书实例采用【逐间布筋】，对各个房间分别布置，布置结果如图 1.4-2 所示。

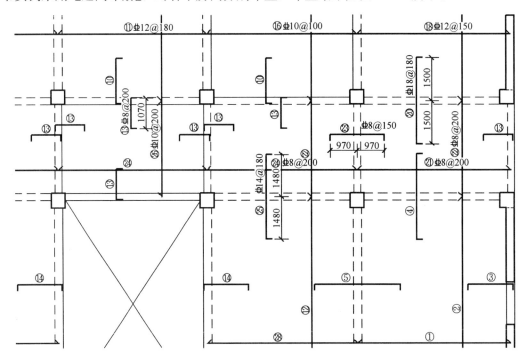

图 1.4-2　板配筋示意图

篇幅有限，对板筋的其他修改包括标注，用户可根据工程实际自行设置。

将绘制完成的施工图转为 CAD 格式。点击【文件】，选择【T 图转 DWG】，在项目的文件夹中，会生成其所对应 CAD 格式的施工图。

第 2 章　SATWE 结构有限元分析

🎓 **本章重点**

1. 了解 SATWE 基本知识。
2. 熟悉 SATWE 各参数含义以及设置方法。
3. 掌握结合规范对 SATWE 计算结果进行分析。

2.1　SATWE 基本知识

SATWE 是 PKPM 软件最重要的空间结构分析软件，包括计算参数设置、特殊构件设定、特殊荷载设定、计算分析方法、计算结果分析、计算结果分析、控制参数调整、结构设计优化等内容。

SATWE 核心是解决剪力墙和楼板的模型化问题，尽可能减少模型化带来的误差。SATWE 以壳元理论作为基础，构造一种通用墙元来模拟剪力墙，墙元是专用于模拟多、高层结构中剪力墙的，对于尺寸较大或带洞口的剪力墙，按照子结构的基本思想，由程序自动进行细分，然后用静力凝聚原理将由于墙元的细分而增加的内部自由度消去，从而保证墙元精度和有限的出口自由度。对于楼板，SATWE 给出了四种简化假定，即假定楼板整体平面内无限刚、分块无限刚、分块无限刚带弹性连接板带，以及弹性楼板，来满足工程设计中对楼板计算所需的简化假定。

SATWE 所需几何信息和荷载信息全部从 PMCAD 建立的模型中自动提取，通过补充输入 SATWE 的特有信息，例如包括特殊构件信息、温度荷载、支座位移等，就可完成墙元和弹性楼板单元的自动划分，并最终形成基础设计所需荷载。计算完成后，可以通过全楼归并接力 PK 绘

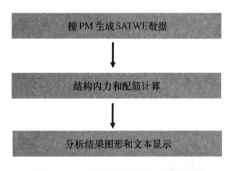

图 2.1-1　SATWE 基本工作流程

梁、柱施工图，接力 JLQ 绘剪力墙施工图，并为各类基础设计软件提供荷载。

参照本书六层框剪结构实例，SATWE 基本工作流程如图 2.1-1 所示。

2.2　接 PM 生成 SATWE 数据

第一项菜单【接 PM 生成 SATWE 数据】的功能是在 PMCAD 生成的模型数据基础

上，补充结构分析所需要的部分参数，并对一些特殊结构（如多塔、错层等）、特殊构件（如弹性楼板、角柱等）、特殊荷载（如温度荷载等）等进行定义，从而最终转换为结构有限元分析及设计所需的数据格式。点击【SATWE】，双击第一项【接 PM 生成 SATWE 数据】，弹出如图 2.2-1 所示对话框。

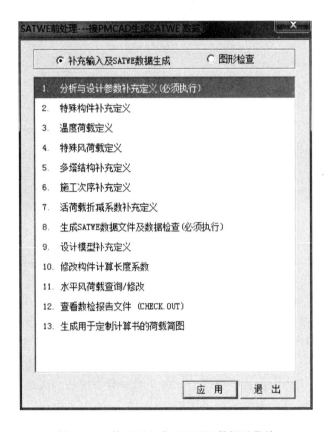

图 2.2-1　接 PM 生成 SATWE 数据子菜单

【分析与设计参数补充定义】对模型的各种参数信息进行修改或者添加，新建工程必须执行此项。【生成 SATWE 数据文件及数据检查】是该部分的核心，只有准确生成 SATWE 数据并将数据检查无误后方可进行下一步。除此之外的其他项，可以根据工程实际情况进行执行。

提示

只要在 PMCAD 中修改了模型数据，或者在 SATWE 该部分修改了参数信息，都必须重新执行【生成 SATWE 数据文件及数据检查】，方可生效。

2.2.1　分析与设计参数补充定义

点击【分析与设计参数补充定义】，将弹出设置对话框，设置的信息包括：总信息、风荷载信息、地震信息、活载信息、调整信息、设计信息、配筋信息、荷载组合、地下室信息、砌体结构、广东规程。将结合本书实例对各选项进行讲解。

1. 总信息

对话框弹出后默认的标签是【总信息】，如图 2.2-2 所示，下面对部分选项进行介绍。

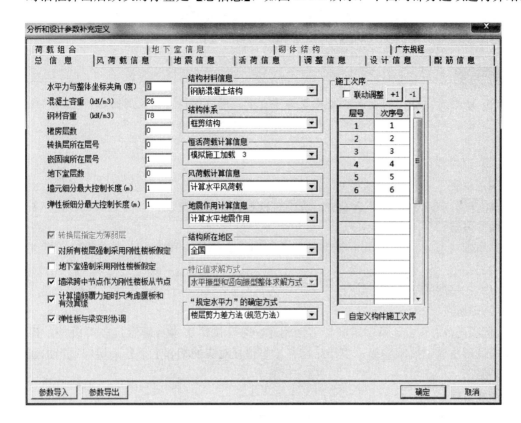

图 2.2-2   总信息标签

（1）水平力与整体坐标夹角（度）

规范规定：

①《建筑抗震设计规范》（以下简称《抗震规范》）第 5.1.1 条，"一般情况下，应至少在建筑结构的两个主轴方向分别计算水平地震作用，各方向的水平地震作用应该由该方向抗侧力构件承担。"

②《高层规程》第 4.3.2 规定，"有斜交抗侧力构件的结构，当相交角度大于 15°时，应分别计算各抗侧力构件方向的地震作用。"

操作方法：

用户一般很难事先估算出结构的最不利地震方向，所以我们采取的方法是取默认值"0"，当计算完成后，在 SATWE 主菜单【分析结果图形和文本显示】的输出文件中，查看"地震作用最大的方向"，则这个角度大于±15°时，在将该角度输入此处并重新计算。本书六层框剪结构实例先取默认值"0"。

（2）混凝土容重

规范规定：

查看《荷载规范》附录 A，给出常用材料和构件的自重表。

操作方法：

PKPM 的默认值为 25kN/m³，该数值适合一般工程，但是采用轻质混凝土或者考虑构件装饰层的自重，则可以适当在此数值基础上减小或增大。

本书六层框剪结构实例取值"26kN/m³"。

💡 **提示**

（1）一般考虑构件的表面抹灰及装饰层自重，所以该值可以改写为 26～27 kN/m³。

（2）若结构分析时不考虑混凝土构件自重，则此处数值输入"0"。

- -

（3）钢材容重

规范规定：

查看《荷载规范》附录 A，给出常用材料和构件的自重表。

操作方法：

程序默认值为 78 kN/m³，若需要考虑钢构件表面装饰和防火土层重量时，可进行适当的增加。

（4）裙房层数

规范规定：

《抗震规范》6.1.3 条"裙房与主楼相连，除应按裙房本身确定抗震等级外，相关范围不应低于主楼的抗震等级；主楼结构在裙房顶板对应的相邻上下各一层应适当加强抗震构造措施"。

操作方法：

裙房层数需人工设定，确定时应该按照结构底层起算，包括地下室。例如，地上裙房 2 层，地下室 1 层，则此处应该输入"3"。

本书六层框剪结构实例取值"0"。

（5）转换层所在层号

规范规定：

《高层规程》10.2.2 规定，带转换层的高层建筑结构，其剪力墙底部加强部位的高度应从地下室顶板算起，宜取至转换层以上两层且不宜小于房屋高度的 1/10。

操作方法：

如有转换层必须输入转换层号，允许输入多个转换层，数字之间以逗号隔开。

本书六层框剪结构实例取值"0"。

（6）嵌固端所在层号

规范规定：

《抗震规范》第 6.1.3 规定，当地下室顶板作为上部结构的嵌固端时，抗震等级如何确定。第 6.1.10 规定，当结构计算嵌固端位于地下一层的底板或以下时，底部加强部位尚应向下延伸到计算嵌固端。

操作方法：

当地下室顶板作为嵌固端部位时，则嵌固端所在层号为地上一层，即地下室层数加 1；当结构嵌固端在基础顶时，则嵌固端所在层号为 1。

本数六层框剪结构实例取值为"1"。

（7）墙元细分最大控制长度

参数含义：

墙元细份最大控制长度是墙元细分时需要的一个重要参数。对于尺寸较大的剪力墙，在墙元细分形成一系列小壳元时，为确保分析精度，要求小壳元的边长不得大于给定的限值。

操作方法：

工程规模较小时，建议在 0.5～1.0 之间输入；剪力墙数量较多时，可增大细分尺寸，在 1.0～2.0 之间输入。

本书六层框剪结构实例取值为"1m"。

（8）对所有楼层强制采用刚性楼板假定

规范规定：

《高层规程》5.1.1 条规定，"进行高层建筑内力与位移计算时，可假定楼板在其自身平面内为无限刚性"。

参数含义：

"刚性楼板假定"和"强制刚性楼板假定"是两个不同概念。"刚性楼板假定"指楼板平面内无限刚，平面外刚度为零，每块板有三个公共的自由度，从属于同一块刚性版的每个节点只有三个独立的自由度，这样能大大减少结构的自由度，提高分析效率，SATWE 自动搜索全楼楼板，自动判断为刚性楼板。"强制刚性楼板假定"则不区分刚性板、弹性板，或独立的弹性节点。只要位于该层楼面标高处的所有节点，在计算时都将强制从属于同一刚性板；

操作方法：

如果设定了弹性楼板或者板开大洞，一般在计算位移比、周期比、刚度比等指标时建议选择。在进行结构内力分析和配筋计算时，仍要遵循结构的真实模型，不应再选择此项。

如果没有定义弹性楼板或者楼板开大洞，则一般不选择此项，避免结果异常。

本书六层框剪结构实例不选择该项。

💡 提示

（1）对于复杂结构，如不规则坡屋顶、体育馆看台、工业厂房等，柱、墙不在同一标高，或者没有楼板等情况，如果选择强制刚性楼板假定，结构分析会产生严重失真。

（2）对于错层或者带夹层的结构，总是伴有大量跃层柱，若采用强制刚性楼板假定，所有跃层柱将受到楼层约束，造成计算结果失真。

（9）墙梁跨中节点作为刚性楼板从节点

参数含义：

本项用于定义连梁的变形是否受到刚性板约束。当采用刚性楼板假定时，因为墙梁与楼板是相互连接的，因此在计算模型中，墙梁跨中节点是受到刚性板约束的。程序序默认选择该项，若不选择，则认为墙梁跨中节点为弹性节点，其水平面内的位移不受刚性楼板约束，此时墙梁的剪力一般比选择此项时偏小，但结构整体刚度变小，周期变大，侧移也增大。

操作方法：

一般选择该项，特别在计算周期比、位移比时候，通常是强制楼板刚性假定的，而刚性板对墙梁没有约束，所以此处必须选择该项。

本书六层框剪结构实例选择该项。

(10) 计算墙倾覆力矩时只考虑覆板和有效翼缘

参数含义：

本项用于定义倾覆力矩的统计方式，对于 L 形、T 形等截面形式，垂直于地震作用方向的墙段称为翼缘，平行于地震作用方向的墙段称为腹板。选择此项后，墙的无效翼缘部分计入框架部分，这使结构中框架、短肢墙、普通墙倾覆力矩结果更为合理。

操作方法：

程序默认不选择该项，一般应该选择该项。所以书六层框剪结构实例选择该项。

(11) 结构材料信息

参数含义：

结构材料信息提供了钢筋混凝土结构、钢与混凝土混合结构、有填充墙钢结构、无填充墙钢结构、砌体结构。

操作方法：

按照工程实际选择特定的结构材料。实例选择"钢筋混凝土结构"。

(12) 结构体系

参数含义：

本项给出了多种结构体系，PKPM 将按照用户提供的结构体系自动选择相应的规范。

操作办法：

按照工程实际选择相应的结构体系，实例选择"框剪结构"。

💡 **提示**

(1) 有较强竖向支撑的钢框架结构可以设置为框剪结构。

(2) 多、高层 SATWE 不允许选择"砌体结构"和"底框结构"，需要使用砌体版本的 SATWE（即多层 SATWE-8）。

---

(13) 恒活荷载计算信息

规范规定：

《高层规程》5.1.9 规定，"高层建筑结构在进行重力荷载作用效应分析时，柱、墙、斜撑等构件的轴向变形宜采用适当的计算模型考虑施工过程的影响；复杂高层建筑及房屋高度大于 150mm 的其他高层建筑结构，应考虑施工过程的影响。"

参数含义：

① 不计算恒活荷载：PKPM 不计算竖向的恒荷载和活荷载。

② 一次性加载：采用整体刚度模型，按一次加载方式计算竖向内力。优点是结构各点的变形完全协调，并且由此产生的弯矩在各点都能保持内力平衡状态。缺点是由于竖向

荷载一次性施加到结构，造成竖向位移偏大；尤其对于高层结构而言，会使高层结构的顶部出现拉柱或梁没有负弯矩的失真现象。

③ 模拟施工加载1：在实际工程施工中，竖向荷载逐层增加，逐层找平，因此下层的变形对上层几乎没有影响。该选项按照逐层施加荷载，但是采用整体刚度，而不是逐层增加结构刚度。

④ 模拟施工加载2：该选项类似模拟施工加载1的加载方式来计算竖向内力，不同之处在于，为了防止竖向构件（如墙、柱）按自身刚度分配荷载出现的不合理情况，所以该选项先将竖向构件的刚度增大10倍来削弱竖向构件荷载按刚度的重分配，再进行荷载分配。优点是使竖向构件分配到的轴力比较均匀，外围框架受力增大，剪力墙核心筒受力略有减小，接近手算结果，传给基础的荷载也比较合理。缺点是这种仅仅方法属于经验处理方法。

⑤ 模拟施工加载3：该方法采用的是模拟施工加载1的改进方法，采用分层刚度，并分层加载，在每层加载时只用本层及以下层的刚度。缺点是计算量偏大，优点是更符合施工实际情况。

操作方法：

① 不计算恒活荷载：仅用于结构对比分析，需要去掉外加荷载的情况；实际工程不可选用。

② 一次性加载：适用于多层结构、钢结构、无明显标准楼层的结构（例如大型体育场馆）、有上传荷载的结构（如吊柱）。

③ 模拟施工加载1：适用于多高层结构。

④ 模拟施工加载2：一般用于基础设计，不用于上部结构设计；基础设计对象是当基础落在非坚硬土层上的框剪结构或框筒结构。

⑤ 模拟施工加载3：适用于无吊车的多高层结构，更符合工程实际，可以首选。

本书实例选用"模拟施工加载3"。

（14）施工次序

参数含义：

对于选择模拟施工加载时，某些复杂结构小调整施工次序，设定了该选项。

操作方法：

例如多塔结构 ，按照PKPM默认程序，建立的每一个自然层为一个施工段，这样造成多塔结构的同一水平层被分到不同的施工段，所以需要人为的修正施工次序。另外对于传力复杂的结构（例如转换层结构 、上部悬挑结构 、跃层柱结构等）也会出现多楼层同时施工和同时拆模的情况，因此需要人为设定为同一施工次序，满足实际施工情况。

本书实例由于单塔常规结构，所以默认施工次序即可。

（15）风荷载信息

参数含义：

① 不计算风荷载：任何风荷载都不计算。

② 计算水平风荷载：仅计算X和Y方向的水平风荷载。

③ 计算特殊风荷载：前提是已经通过自动生成或者用户定义了特殊风荷载，程序仅

计算特殊风荷载，并将其参与进内力计算与组合中。

④ 计算水平和特殊风荷载：同时计算水平风荷载和特殊风荷载。

操作方法：

通常选择默认项"计算水平风荷载"即可，本书实例亦选择此项。

（16）地震作用计算信息

规范规定：

①《抗震规范》3.1.2 规定，"建筑设防烈度为 6 度时，除本规范有具体规定外，对乙、丙、丁类的建筑可不进行地震作用计算。"

②《抗震规范》5.1.1 规定，"8、9 度的大跨度和长悬臂结构及 9 度时的高层建筑，应该计算竖向地震作用。"

③《高层规程》10.5.2 规定，7 度设计基本地震加速度为 0.15g 抗震设防区考虑竖向地震影响。

操作方法：

应该结合规范和工程实际，进行选择。

① 不计算地震作用：用于不进行抗震设防的地区的建筑，或者设防烈度为 6 度的多层结构。

② 计算水平地震作用：用于计算抗震设防烈度为 7、8 度地区的多高层建筑，以及 6 度甲类建筑。

③ 计算水平和竖向地震作用：用于计算 9 度时的高层建筑，8、9 度地区的大跨度和长悬臂结构，8 度地区带有连体和转换层的高层建筑。

本书实例选择"计算水平地震作用"。

2. 风荷载信息

切换至【风荷载信息】标签，如图 2.2-3 所示。

（1）地面粗糙度

规范规定：

《荷载规范》8.2.1 规定，"地面粗糙度分为 A、B、C、D 四类。"

操作办法：

按照规范规定和工程当地情况输入地面粗糙度类别，本书实例选择"B 类"。

（2）修正后的基本风压

规范规定：

《荷载规范》8.1.2 条规定，"基本风压应按本规范规定的方法确定的 50 年重现期的风压，但不得小于 0.3kN/m^2。对于高层建筑、高耸结构以及对风荷载比较敏感的其他结构，基本风压的取值应当适当提高，并应符合有关结构设计规范的规定。"

操作办法：

按照《荷载规范》附表 E5 给出的各地区重现期为 50 年（即 R50）的风压采用，对于部分风荷载敏感建筑，应该考虑进行修正，在进行承载力极限状态设计时在规范规定的基础上将基本风压放大 1.1～1.1 倍，对于正常使用极限状态设计，一般可采用基本风压。

本书实例位于大连，R50＝0.65 kN/m^2，所以输入 0.65。

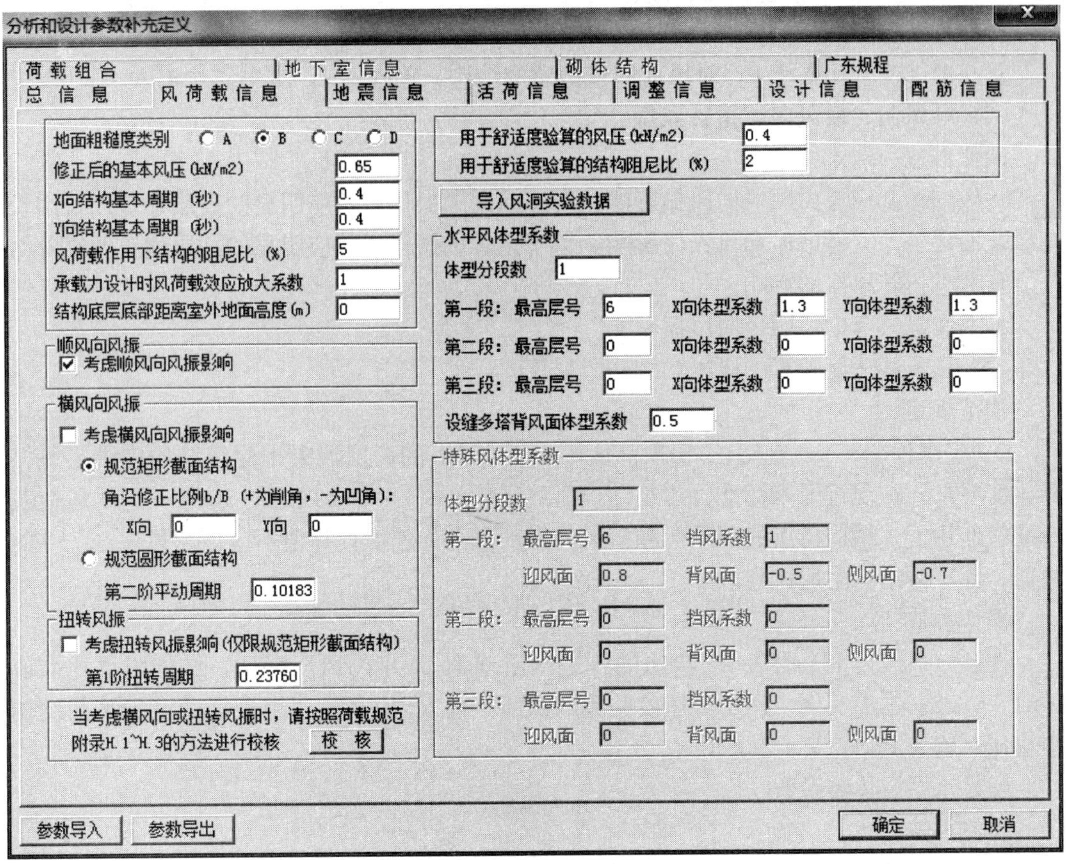

分析和设计参数补充定义 ✕

荷载组合	地下室信息	砌体结构	广东规程
总信息	风荷载信息	地震信息	活荷信息	调整信息	设计信息	配筋信息

地面粗糙度类别 ○A ◉B ○C ○D

用于舒适度验算的风压 (kN/m2) `0.4`
用于舒适度验算的结构阻尼比 (%) `2`

修正后的基本风压 (kN/m2) `0.65`
X向结构基本周期 (秒) `0.4`
Y向结构基本周期 (秒) `0.4`
风荷载作用下结构的阻尼比 (%) `5`
承载力设计时风荷载效应放大系数 `1`
结构底层底部距离室外地面高度(m) `0`

[导入风洞实验数据]

水平风体型系数
体型分段数 `1`
第一段: 最高层号 `6` X向体型系数 `1.3` Y向体型系数 `1.3`
第二段: 最高层号 `0` X向体型系数 `0` Y向体型系数 `0`
第三段: 最高层号 `0` X向体型系数 `0` Y向体型系数 `0`
设缝多塔背风面体型系数 `0.5`

顺风向风振
☑ 考虑顺风向风振影响

横风向风振
☐ 考虑横风向风振影响
 ◉ 规范矩形截面结构
 角沿修正比例b/B (+为削角，-为凹角):
 X向 `0`   Y向 `0`
 ○ 规范圆形截面结构
 第二阶平动周期 `0.10183`

扭转风振
☐ 考虑扭转风振影响(仅限规范矩形截面结构)
第1阶扭转周期 `0.23760`

当考虑横风向或扭转风振时，请按照荷载规范附录H.1~H.3的方法进行校核 [校核]

特殊风体型系数
体型分段数 `1`
第一段: 最高层号 `6` 挡风系数 `1`
         迎风面 `0.8` 背风面 `-0.5` 侧风面 `-0.7`
第二段: 最高层号 `0` 挡风系数 `0`
         迎风面 `0` 背风面 `0` 侧风面 `0`
第三段: 最高层号 `0` 挡风系数 `0`
         迎风面 `0` 背风面 `0` 侧风面 `0`

[参数导入] [参数导出]   [确定] [取消]

图 2.2-3　风荷载信息

（3）X、Y 向结构基本周期（s）

规范规定：

《荷载规范》附录 F 给出了各类结构基本周期的经验公式。

操作办法：

SATWE 分别指定 X 向和 Y 向的基本周期，用于计算 X 向和 Y 向的风荷载。对于比较规则的结构，可采用近似方法计算基本周期，框架结构——$T=（0.08\sim 0.10）N$；框剪结构、框筒结构——$T=（0.06\sim 0.08）N$；剪力墙结构——$T=（0.05\sim 0.06）N$，其中 N 为结构层数。用户可以按照上述估算的周期输入，运行计算后，将计算书中结构的第一平动周期输入此处，重新计算，从而得到更为准确的风荷载。

本书实例为 6 层框剪结构，近似输入 0.4。

（4）风荷载作用下结构的阻尼比（%）

操作办法：

按照《荷载规范》8.4.4 规定，结构阻尼比，对钢结构取值 0.01，对钢筋混凝土结构可取 0.05。本书实例输入 5%。

（5）承载力设计时风荷载效应放大系数

操作办法：

对一般结构，输入1.0；对风荷载较敏感的结构，输入1.1。本书实例输入"1.0"。

（6）顺风向、横风向、扭转风振

操作办法：

一般结构都应考虑顺风向风振影响。对于横向风振作用效应明显的高层建筑以及细长圆形截面建筑，宜考虑横向风振的影响。对于扭转风振作用效应明显的高层建筑及高耸结构，宜考虑扭转风振的影响。

本书实例只考虑"顺风向风振影响"。

（7）用于舒适度验算的风压和结构阻尼比

规范规定：

《高层规程》3.7.6规定，"房屋高度不小于150m的高层混凝土建筑结构应满足风振舒适度要求。在现行国家标准《建筑结构荷载规范》GB 50009规定的10年一遇的风荷载标准值作用下，结构顶点的顺风向和横风向振动最大加速度计算值不应该超过表3.7.6的限值。计算时结构阻尼比宜取0.01~0.02。"

操作办法：

按照《荷载规范》附表E5给出的各地区重现期10年的风压采用，结构阻尼比取值0.01~0.02。本书实例"用于舒适度验算的风压"输入"0.4"；"用于舒适度验算的结构阻尼比"输入"0.02"。

（8）水平风体型系数

操作办法：

体型分段数按照结构实际体型情况决定，最多为3段，立面体型无变化的建筑，输入1。本书实例即输入1。

3. 地震信息

切换至【地震信息】标签，如图2.2-4所示。

（1）结构规则性信息

操作方法：

该项选择或者不选，总进行扭转耦联计算，故不必考虑结构边榀地震效应的放大。该选项不起作用。

（2）设防地震分组

操作方法：

按照《抗震规范》附录A设置的工程所在地地震组进行选择。本书实例选择第一组。

（3）设防烈度

操作方法：

根据《抗震规范》附录A设定本地区的抗震设防烈度，本书实例选择"7（0.1g）"。

（4）场地类别

规范规定：

《抗震规范》4.1.6规定，"建筑场地类别，应根据土层等效剪切波速和场地覆盖层厚度按表4.1.6分为四类，其中 I 类分为 I_0 和 I_1 两个亚类。"

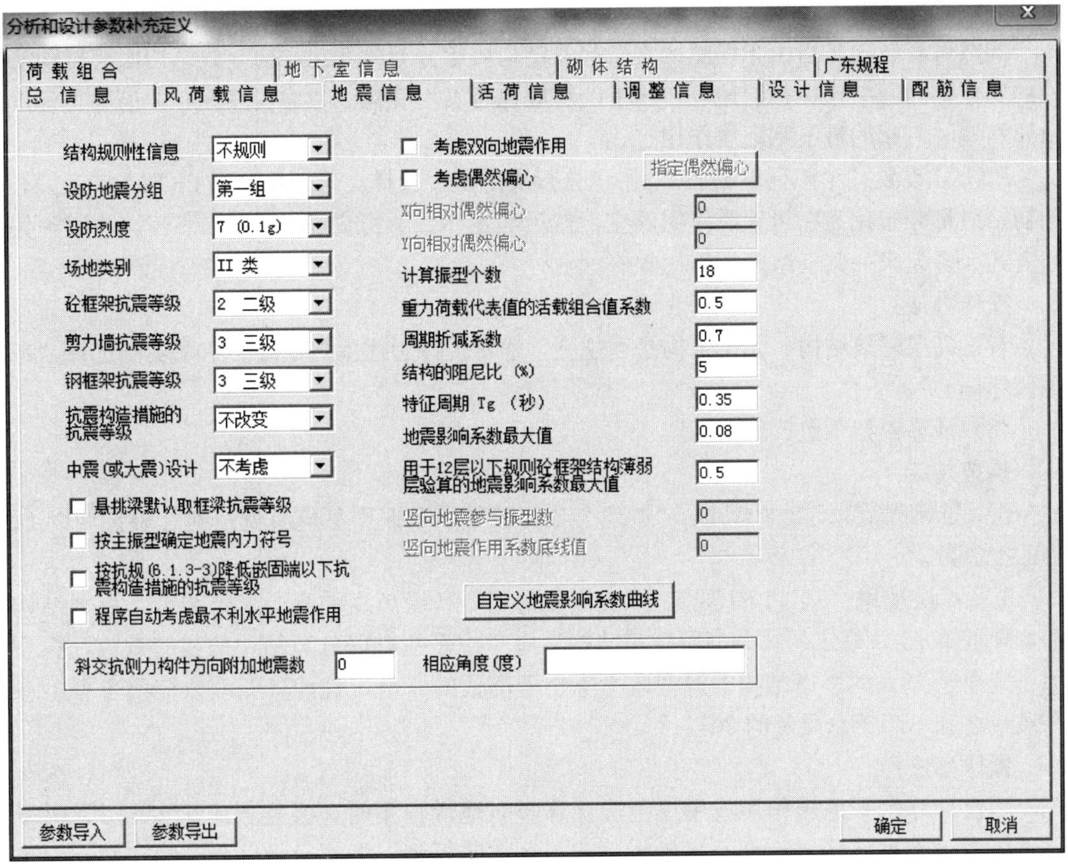

图 2.2-4　地震信息标签

操作方法：

根据工程地质勘测报告输入工程所在地的场地类别，本书实例选择"Ⅱ类"。

（5）混凝土框架、混凝土剪力墙抗震等级

规范规定：

《抗震规范》表 6.1.2 中不同形式的结构体系在不同的高度、设防烈度下的抗震等级。

操作方法：

本地区设防烈度为 7 度，建筑高度小于 24m，框架抗震等级为四级，剪力墙抗震等级为三级。

（6）考虑双地震作用

规范规定：

《抗震规范》5.1.1～5.1.3 规定，质量和刚度分布明显不对称的结构，应考虑双向水平地震作用下的扭转影响。

操作办法：

对于质量和刚度分布不对称的结构，在程序中，经初次计算后，楼层位移比或层间位移比超过 1.2 时，选择该项。本书实例不选择该项。

（7）考虑偶然偏心

参数含义：

偶然偏心选项是指由于偶然因素引起的结构质量分布的变化，会导致结构固有振动特性的变化，因而结构在相同地震作用下的反应也将发生变化。考虑偶然偏心，也就是考虑由偶然偏心引起的最不利地震作用。

PKPM 设置"考虑偶然偏心"，用户自行决定是否选择。若选择，则 PKPM 将无偏心的初始质量分布化为一组地震作用效应，然后假定 X、Y 方向偏心值为±5％，共四种偏心方式；合起来一共三组地震作用效应。

操作办法：

对于高层建筑结构，无论结构是否规则，通常选择考虑偶然偏心。本书实例选择"考虑偶然偏心"。

（8）计算振型个数

规范规定：

①《抗震规范》5.2.2 规定，"振型个数一般可以取振型参与质量达到总质量 90％所需的振型数。"

②《高层规程》5.1.13-1 规定，"抗震设计时，B 级高度的高层建筑结构、混合结构和本规程第 10 章规定的复杂高层建筑结构，应考虑平扭耦联计算结构的扭转效应，振型数不应小于 15，对多塔结构的振型数不应小于塔数的 9 倍，且计算振型数应使各振型参与质量之和不小于总质量的 90％。"

操作办法：

当仅计算水平地震作用或用规范法计算竖向地震作用时，振型数应至少取 3，为了使每阶振型都尽可能得到两个平动振型和一个扭转振型，振型数最好是 3 的倍数，但不能超过结构的固有振型总数。当需要考虑耦联效应时，振型数大于等于 9，且小于等于 $3n$（n 为结构层数）；对于高层建筑，振型数先取 15，多层可直接取 $3n$，进行计算，通过检验质量参与系数是否达到 90％。当不考虑耦联效应时，振型数大于等于 3，且小于等于 n。

本书实例"计算振型个数"取值 18。

（9）重力荷载代表值的活载组合值系数

参数含义：

计算地震作用时，建筑的重力荷载代表值取结构及构件的自重和可变荷载的组合值。可变荷载组合值系数一般这样取值，按实际情况计算的楼面活载组合值系数为 1.0；按等效均布荷载计算的楼面活荷载（民用建筑）组合值系数为 0.5。

取值方法：

根据工程实际设定该系数，本书实例取值 0.5。

（10）周期折减系数

操作办法：

周期折减是为了考虑框架结构和框架—剪力墙结构的填充墙刚度对计算周期的影响。对于框架结构，若填充墙较多，取值 0.6～0.7；若填充墙较少，取值 0.7～0.8。对于框剪结构，可取 0.7～0.8。纯剪力墙结构周期可不折减。

本书实例"周期折减系数"取值 0.7。

（11）自定义地震影响曲线

操作办法：

点击该选项，弹出如图 2.2-5 所示对话框，用于可以选择查看按规范公式的地震影响系数曲线，并可在此基础上根据需要进行修改，形成自定义的地震影响系数曲线。

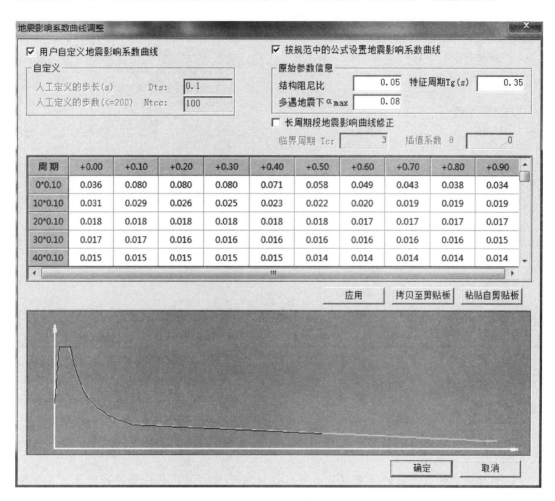

图 2.2-5　地震影响曲线设置对话框

4. 活荷信息

切换至【活荷信息】标签，本例设置情况如图 2.2-6 所示。

（1）柱与墙设计时、传给基础的活荷载是否考虑折减

参数含义：

作用在楼面的活荷载，不可能以标准值的大小同时满布在所有楼面上，故在设计梁、柱、墙、基础时，对楼面活载进行折减。

操作办法：

根据《荷载规范》5.1.2 取值。本书实例选择折减。

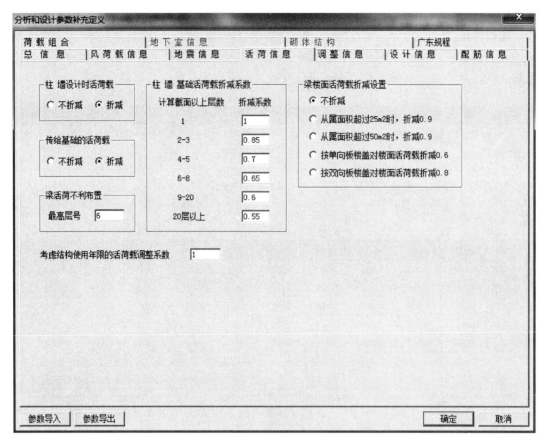

图 2.2-6　活荷信息对话框

💡 提示

（1）梁设计时的活载折减在 PMCAD 中进行设置，柱、墙及基础设计的活荷载折减在 SATWE 中设置。

（2）此处"传给基础的活荷载"是否折减仅用于 SATWE 设计结果的文本及图形输出，在接力 JCCAD 基础设计时，SATWE 传递的内力为没有折减的标准内力，由用户在 JCCAD 中另行设置折减系数。

（2）梁活荷不利布置

参数含义：

若将该选项输入"0"，则表示不考虑梁活荷不利布置；若输入大于零的数 N_x，表示 $1 \sim N_x$ 各层考虑梁活荷不利布置，而 N_{x+1} 至顶层不考虑梁活荷不利布置。若直接输入所有楼层数 N，则所有楼层都将考虑梁活荷不利布置。

操作办法：

一般多高层混凝土结构应取在全部楼层考虑活荷载的不利布置。本书实例"梁活荷不利布置最高层号"输入"6"。

（3）柱、墙、基础活荷载折减系数

操作办法：

根据《荷载规范》5.1.2 进行取值，如表 2.2-1 所示，给出活荷载按楼层的折减系数。

活荷载按楼层的折减系数表 表 2.2-1

墙、柱、基础计算截面以上的层数	1	2～3	4～5	6～8	9～20	＞20
计算截面以上各楼层活荷载总和的折减系数	1.00	0.85	0.70	0.65	0.60	0.55

本书实例按照 PKPM 默认取值即可。

5. 调整信息

切换至【调整信息】标签，设置情况如图 2.2-7 所示。

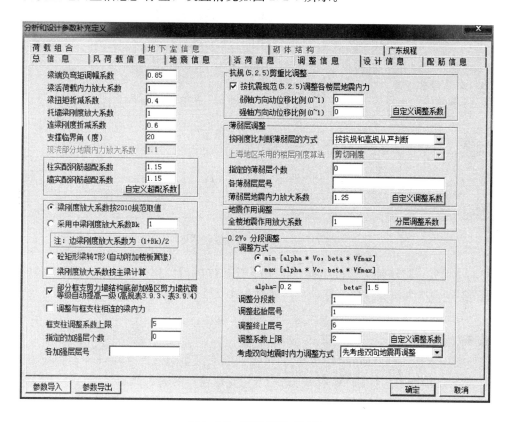

图 2.2-7 调整信息对话框

由于本书实例为六层框架剪力墙结构，形式普通，该标签下，各选项按照 PKPM 默认值进行设置即可。

6. 设计信息

切换至【设计信息】标签，设置情况如图 2.2-8 所示。

（1）结构重要性系数

操作办法：

根据《混凝土结构设计规范》（以下简称《混凝土规范》），在持久设计状况和短暂设

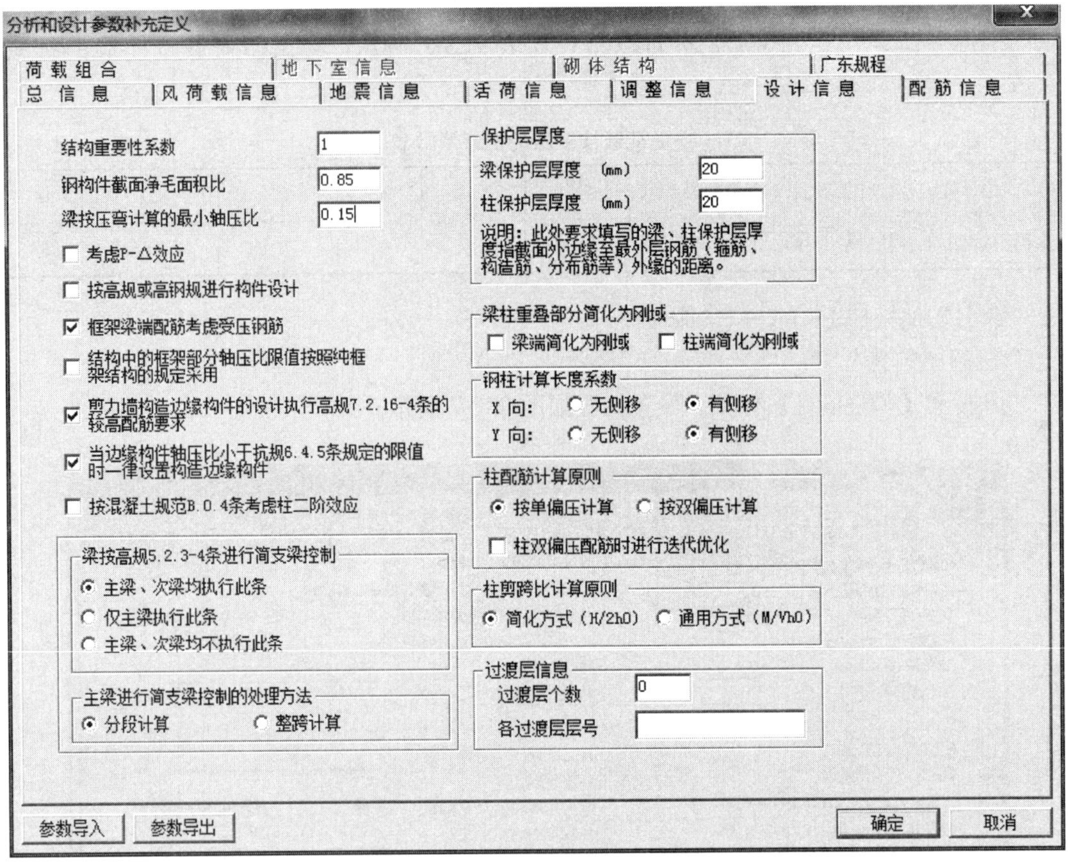

图 2.2-8　设计信息标签对话框

计状况下，对安全等级为一级的结构构件不应小于 1.1；对安全等级二级的结构构件不应小于 1.0；对安全等级为三级的结构构件不应小于 0.9。本书实例采用 1.0。

（2）钢构件截面净毛面积比

操作办法：

该参数用于描述钢截面开洞后的削弱情况。该值仅影响强度计算，不影响应力计算。当构件连接采用全焊接连接时输入 1.0；当采用螺栓连接时输入 0.85。

（3）框架梁端配筋考虑受压钢筋

操作方法：

根据《高层规程》，选择该项后，PKPM 在进行梁端支座抗震设计时，若受压钢筋的配筋率不小于受拉钢筋的一半，梁端最大配筋率可以放宽到 2.75%。对于钢筋混凝土结构一般建议钩选此项。本书实例钩选该项。

（4）梁柱重叠部分简化为刚域

操作办法：

对于一般结构，不选择该项。对于异形柱框架结构，应选择"梁端刚域"。本书实例不选择该选项。

（5）钢柱筋计算原则

操作办法:

对一般结构,选择"按单偏压计算",然后在【墙梁柱施工图】菜单中进行"双偏压验算"。对框架角柱,建议在下一节【特殊构件补充定义】中指出特殊柱,PKPM 将对其自动按照"双偏压"计算。本书实例选择"按单偏压计算"。

7. 配筋信息

切换至【配筋信息】标签,设置如图 2.2-9 所示。

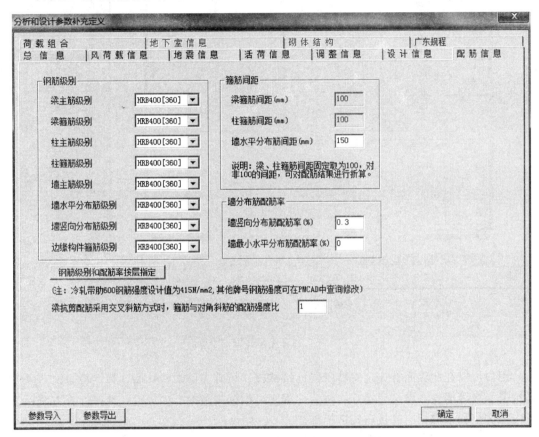

图 2.2-9　配筋信息对话框

该标签下,"钢筋类别"选项,所有钢筋选用 HRB 400 级钢筋;"钢筋间距"采用 PKPM 默认值即可,因为默认值符合规范要求。

8. 荷载组合

【荷载组合】标签下,各类荷载的分项系数一般按照最新的《荷载规范》、《高层规程》、《混凝土规范》进行设置,所以采用 PKPM 默认值即可,除非特殊工程,一般不修改上述参数。

本书实例采用 PKPM 默认值即可。

2.2.2　特殊构件补充定义

【接 PM 生成 SATWE 数据】中,第 1 项【分析与设计参数补充定义】与第 7 项【生成 SATWE 数据文件及数据检查】两项是必须执行的。除此之外,【特殊构件补充定义】一般也需要执行,尤其偏复杂结构需要通过该项进行一些特殊构件的设置。本书仅结合六层框剪结构实例进行介绍。

点击【特殊构件补充定义】，打开如图 2.2-10 所示界面。

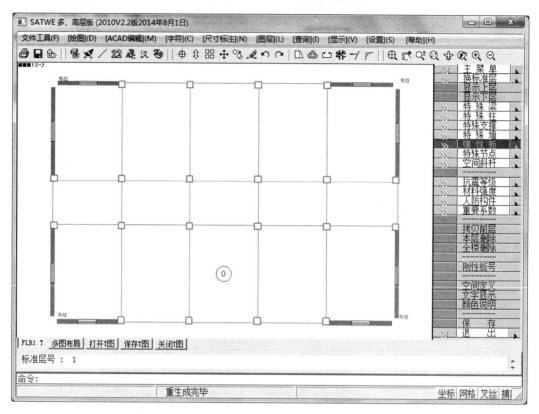

图 2.2-10　特殊构件补充定义界面

用户可以在此界面补充定义特殊梁、特殊柱、特殊支撑、特殊墙、弹性板、材料强度和抗震等级等信息。设定完特殊构件后，程序可根据规范的有关规定，选择计算方法，进行内力调整和采取相应的抗震构造措施。

此处结合本书实例，仅介绍【特殊柱】信息。点击右侧【特殊柱】，在展开的众多选项中，选择【角柱】；根据命令栏提示，以光标方式点选四个角柱，进行补充定义。程序定义后，PKPM 将按《抗震规范》对角柱进行内力调整，对抗震等级为二级及二级以上的角柱按双向偏心受压构件进行配筋验算。

提示

PKPM 无法自动搜索角柱、框支柱，需用户自行设定。

2.2.3　生成 SATWE 数据文件及数据检查

第 8 项【生成 SATWE 数据文件及数据检查】是 SATWE 前期处理的核心，功能是综合 PMCAD 建模数据以及上述各标签下的信息，将它们转化成空间结构分析所需的数据格式。所有工程必须执行本项，并且只有运行正确，方可进行下面的步骤。

双击该项，弹出如图 2.2-11 所示对话框，用于选择进行数据计算的选项。

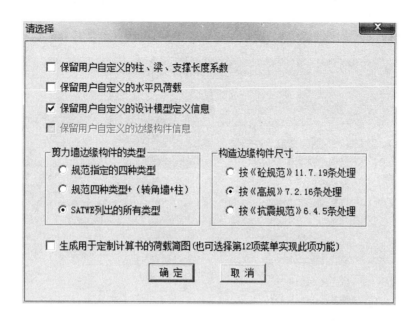

图 2.2-11　生成 SATWE 数据文件及数据检查对话框

　　本书实例选择默认选项即可，点击【确定】，SATWE 开始生成数据，运行完毕后将给出结果对话框，如图 2.2-12 所示。

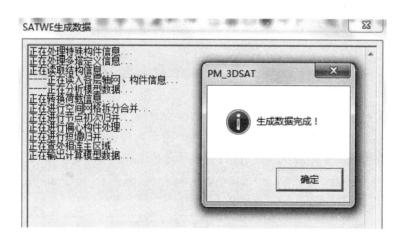

图 2.2-12　SATWE 生成数据对话框

　　上述情况符合要求，说明运行准确。若用户运行后有其他情况，应该进行修改后再次运行，直至无错误后，方可点击【退出】。

2.3　SATWE 结构内力和配筋计算

　　运行完【接 PM 生成 SATWE 数据】并无错误后，运行【SATWE 结构内力，配筋计算】。该部分属于 SATWE 的核心部分，该项 PKPM 将按照现行规范进行荷载组合、内力调整然后进行钢筋混凝土构件的配筋。

双击【结构内力，配筋计算】选项，弹出如图 2.3-1 所示参数控制对话框。

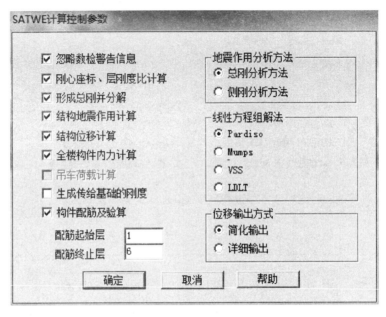

图 2.3-1　计算控制参数对话框

本书实例选择 PKPM 默认控制参数即可，点击【确定】，SATWE 进行计算分析过程，等待一段时间计算完毕后，界面将自动退回到 PKPM 初始界面。

2.4　分析结果图形和文本显示

内力和配筋计算完毕后，可以进行结果查询，两种方式包括图形和文本。双击【分析结果图形和文本显示】，弹出【SATWE 后处理—图形文件输出对话框】，含有两个标签，分别为【图形文件输出】和【文本文件输出】。部分截图如图 2.4-1 所示。

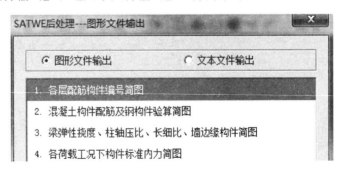

图 2.4-1　图形文件输出

设计人员可在此详细查看并分析设计结果的合理性。对不满足规范要求的控制参数应进行调整，参数主要包括位移比、层间位移比、周期比、层间刚度比、刚重比、剪重比等。

下面将结合本书实例对部分参数进行介绍。

2.4.1 图形文件输出

该标签下含有 17 个选项，这里仅介绍第 2 个选项"混凝土构件配筋及钢构件验算简图"，双击打开。弹出如图 2.4-2 所示界面。

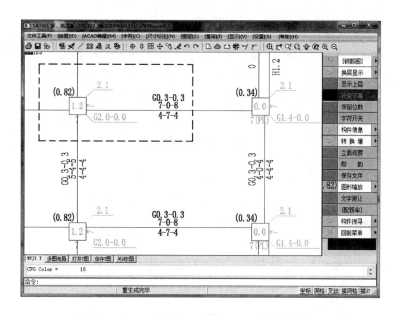

图 2.4-2 混凝土构件配筋简图

对图中框选出的部分进行介绍，分别为矩形钢筋混凝土柱（如图 2.4-3（a）所示）和钢筋混凝土梁（如图 2.4-3（b）所示）的配筋输出格式。

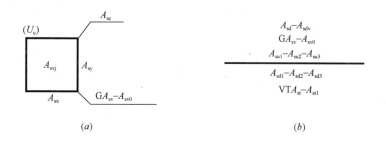

图 2.4-3 配筋输出

(a) 钢筋混凝土柱配筋输出；(b) 钢筋混凝土梁配筋输出

1. 矩形钢筋混凝土柱

配筋输出中各符号含义如下：

① A_{sc}：表示柱的一根钢筋面积，采用双偏压计算时，角筋的面积不应小于此值。

② A_{sx}、A_{sy}：表示矩形柱两单边的配筋，包括两根角筋的面积。

③ A_{sv}：表示加密区斜截面抗剪箍筋面积。

④ A_{sv0}：表示非加密区斜截面康健箍筋面积。

⑤ A_{svj}：表示该柱节点域抗剪箍筋面积。

⑥ U_c：表示柱的轴压比。

⑦ G：表示箍筋标志。

2. 钢筋混凝土梁

① A_{sd}：表示单向对角斜筋的截面面积。

② A_{sdv}：表示同一截面内箍筋各肢的全截面面积。

③ A_{sv}：表示梁加密区抗剪箍筋面积和剪扭箍筋面积的较大值。

④ A_{sv0}：表示梁非加密区抗剪箍筋面积和剪扭箍筋面积的较大值。

⑤ A_{su1}、A_{su2}、A_{su3}：表示梁上部左端、跨中、右端的配筋面积。

⑥ A_{sd1}、A_{sd2}、A_{sd3}：表示梁下部左端、跨中、右端的钢筋面积。

⑦ A_{st}：表示梁受扭纵筋面积。

⑧ A_{st1}：梁抗扭箍筋沿周边布置的单肢箍筋面积。

⑨ VT：表示剪扭配筋标志。

2.4.2　文本文件输出

【文本文件输出】标签含有 13 个选项，根据本书实例，着重介绍前三项。

1. 结构设计信息

（1）质量比

双击【文本文件输出】，打开 WMASS. OUT 文件，寻找"各层的质量、质心坐标信息"，如图 2.4-4 所示。

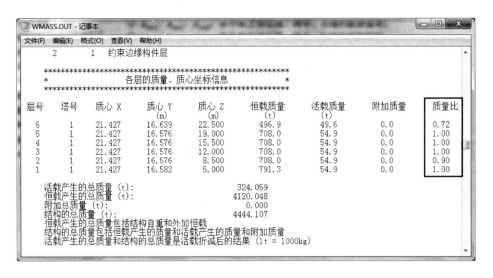

图 2.4-4　各层的质量、质心坐标信息

检查要点：

根据《高层规程》3.5.6 规定，楼层质量沿高度宜均布分布，楼层质量不宜大于相邻下部楼层质量的 1.5 倍。本书实例质量比符合要求。

（2）层间刚度比

在【文本文件输出】中寻找"各层刚心、偏心率、相邻层侧移刚度比等计算信息"，如图 2.4-5 所示。

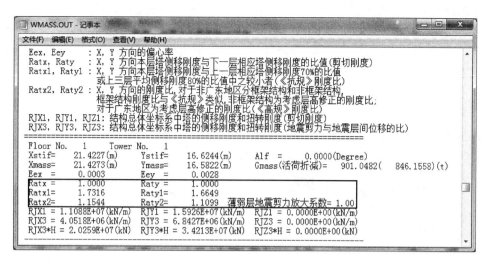

图 2.4-5　相邻层侧移刚度比等计算信息

检查要点：

《高层规程》规定，框架-剪力墙结构楼层与相邻上层的刚度比比值不宜小于 0.9；当本层层高大于相邻上层的 1.5 倍时，该比值不小于 1.1。本书实例刚度比符合要求。

2. 周期、振型、地震力

双击【周期、振型、地震力】打开 WZQ.OUT 文件，结构周期信息，如图 2.4-6所示。

考虑扭转耦联时的振动周期(秒)、X,Y 方向的平动系数、扭转系数

振型号	周 期	转 角	平动系数 (X+Y)	扭转系数
1	0.4118	180.00	1.00 (1.00+0.00)	0.00
2	0.3086	90.00	1.00 (0.00+1.00)	0.00
3	0.2025	179.97	0.00 (0.00+0.00)	1.00
4	0.1128	180.00	1.00 (1.00+0.00)	0.00
5	0.0872	90.00	1.00 (0.00+1.00)	0.00
6	0.0586	179.96	0.00 (0.00+0.00)	1.00
7	0.0570	0.00	1.00 (1.00+0.00)	0.00
8	0.0447	90.00	1.00 (0.00+1.00)	0.00
9	0.0385	0.00	1.00 (1.00+0.00)	0.00
10	0.0307	1.80	0.00 (0.00+0.00)	1.00
11	0.0305	90.00	1.00 (0.00+1.00)	0.00
12	0.0297	0.00	1.00 (1.00+0.00)	0.00
13	0.0254	180.00	1.00 (1.00+0.00)	0.00
14	0.0237	90.00	1.00 (0.00+1.00)	0.00
15	0.0212	176.63	0.00 (0.00+0.00)	1.00
16	0.0205	90.00	1.00 (0.00+1.00)	0.00
17	0.0165	175.85	0.00 (0.00+0.00)	1.00
18	0.0144	175.70	0.00 (0.00+0.00)	1.00

图 2.4-6　结构周期信息

检查要点：

《高层规程》规定，结构扭转为主的第一自振周期 T_t 与平动为主的第一自振周期 T_1 之

比，A 级高度高层建筑不应大于 0.9，B 级高度高层建筑不应大于 0.85。

可通过平动系数判断平动周期与扭转周期，若平动系数较大（大于 0.8 为宜，至少大于 0.5），可认为是平动周期；否则为转动周期。本书实例截图可以看出，第一平动周期为 0.4118s，第一转动周期为 0.2025s，所以周期比＝0.2025/ 0.4118＝0.49<0.9，符合要求。

3. 结构位移

双击【结构位移】，寻找水平地震作用力下的楼层最大位移，截图 X 向地震作用下的楼层位移信息，如图 2.4-7 所示。

WDISP.OUT - 记事本

文件(F) 编辑(E) 格式(O) 查看(V) 帮助(H)

=== 工况 7 === X 方向地震作用规定水平力下的楼层最大位移

Floor	Tower	Jmax JmaxD	Max-(X) Max-Dx	Ave-(X) Ave-Dx	Ratio-(X) Ratio-Dx	h
6	1	734	4.99	4.98	1.00	3500.
		734	0.79	0.79	1.00	
5	1	617	4.20	4.20	1.00	3500.
		617	0.88	0.88	1.00	
4	1	500	3.32	3.32	1.00	3500.
		500	0.92	0.92	1.00	
3	1	383	2.40	2.40	1.00	3500.
		383	0.90	0.90	1.00	
2	1	266	1.50	1.50	1.00	3500.
		266	0.80	0.80	1.00	
1	1	149	0.70	0.70	1.00	5000.
		149	0.70	0.70	1.00	

X方向最大位移与层平均位移的比值: 1.00(第 2层第 1塔)

X方向最大层间位移与平均层间位移的比值: 1.00(第 2层第 1塔)

图 2.4-7 楼层位移信息

检查要点：

《高层规程》规定，楼层竖向构件的最大水平位移和层间位移，A 级高度建筑不宜大于该楼层平均值的 1.2 倍，不应大于该楼层平均值的 1.5 倍。

图 2.4-7 中 Ratio-（X）、Ratio-（Y）表示最大位移与层平均位移的比值；Ratio-Dx、Ratio-Dy 表示最大层间位移与平均层间位移的比值。所以本书实例位移比符合要求。

由于篇幅有限，【分析结果图形和文本显示】就介绍到此，用户可以参照规范，对其他参数信息进行检查分析。

第 3 章 墙梁柱施工图设计

🎓 **本章重点**

1. 掌握钢筋归并、钢筋标准层等概念。
2. 掌握墙、柱、梁的绘制。
3. 熟悉构件钢筋的查询与修改。

3.1 基 本 概 述

施工图模块是 PKPM 的重要组成部分之一，主要功能是辅助用户完成上部结构各种混凝土构件的配筋设计，并绘制施工图。分为梁、柱、墙三个模块，每个模块拥有不同的施工图画法，点击【墙梁柱施工图】，界面如图 3.1-1 所示。

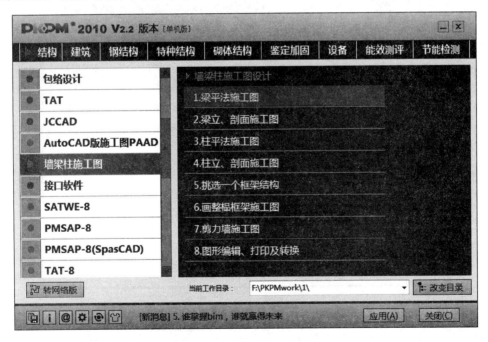

图 3.1-1 墙梁柱施工图界面

施工图模块的基本设计思路是按照划分的钢筋标准层、构件分组归并、自动选筋、钢筋修改、施工图绘制、施工图修改的步骤进行。

下面介绍一些本章所用的参数名。

1. 钢筋标准层

构件布置相同、受力特点相似的数个自然层可以划分为一个钢筋标准层，每个钢筋标准层只出一张施工图。钢筋标准层是软件引入的新概念，它与结构标准层不尽相同。二者主要区别是：第一，同一结构标准层必然构件布置和荷载完全相同，而钢筋标准层不一定荷载相同；第二，结构标准层只代表本层，而钢筋标准层的划分与上层构件有联系。

2. 钢筋归并

几何形状相同、受力特点类似的构件，通常做法是归为一组，采用相同配筋进行施工，有利于减少施工图纸数量。

3.2 梁施工图设计

梁施工图分为梁平法施工图，梁立、剖面施工图。现在工程最常用的是梁平法施工，所以我们着重介绍梁平法施工图的绘制。

3.2.1 设钢筋层

点击右侧【设钢筋层】，弹出【定义钢筋标准层】对话框，如图 3.2-1 所示。

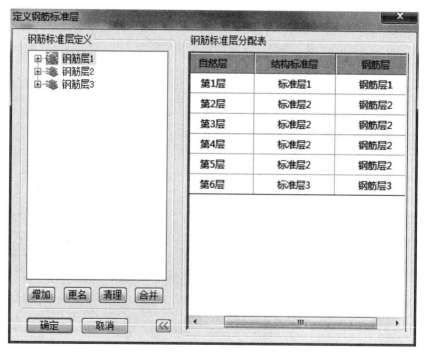

图 3.2-1　定义钢筋标准层对话框

PKPM 程序会根据结构标准层的划分生成默认的钢筋标准层，用户根据工程实际进行修改，进行精简标准层。本书实例将设置三个标准层，如图 3.2-1 所示，首先设置左侧"钢筋标准层定义"，定义三个标准层即可；然后修改右侧"钢筋标准层分配表"，达到图示效果。设置完毕，点击【确定】。

3.2.2 配筋参数

施工图模块根据计算软件提供的配筋面积计算结果选择符合规范要求的钢筋,软件按下列步骤自动选择钢筋:选择箍筋、选择腰筋、选择上部通长钢筋和支座负筋、选择次梁附加箍筋、选择构造箍筋。

点击【配筋参数】,弹出如图 3.2-2 所示的对话框,进行参数设置。

图 3.2-2　配筋参数对话框

1. 归并系数

归并系数的范围是 0~1,该项主要影响连梁归并的数量。归并系数越大,连梁种类越少;归并系数越小,连梁种类越多。但用户设置时应兼顾安全且经济合理。

2. 上、下筋优选直径

PKPM 自动配筋时一般梁均采用优选直径,以减少配筋种类,降低施工难度。一般下筋优选直径设置为 20~25mm,上筋优选 16~20mm。

其他参数用户根据工程实际进行修改。

3.2.3 钢筋查询与修改

1. 平面查改钢筋

点击右侧【查改钢筋】命令,弹出二级子菜单,可以选择多种方式进行修改。

◆ 连梁改筋:主要是修改连梁的集中标注信息,包括箍筋、顶筋、底筋、腰筋等。

◆ 单跨改筋:对连梁的某一跨配筋信息修改。

◆ 成批修改：对连续梁多跨的配筋信息修改。

◆ 表式改筋：点击【表式改筋】，点选某根梁，将打开修改界面，界面包含梁正面图和剖面图以及下方各种钢筋信息，进行修改。

◆ SR 验算书：点击【SR 验算书】，点选某跨梁，将打开该跨梁的承载力验算书。

◆ 连梁重算与全部重算：【连梁重算】是对某根连续梁进行重新计算并配筋，【全部重算】是对本层所有梁进行重新计算配筋。

2. 双击钢筋查改

该方法是双击视图界面中需要查改的钢筋标注，然后界面将弹出如图 3.2-3 所示对话框，进行修改。

3. 动态查询配筋信息

移动鼠标至某根轴线，悬停后将自动显示该跨梁的信息，如图 3.2-4 所示。

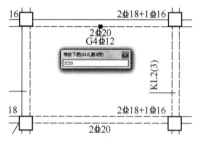

图 3.2-3 双击钢筋查改

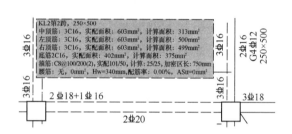

图 3.2-4 动态查询配筋信息

3.2.4 绘制其他梁图

1. 三维图绘制

点击右侧【三维图】，选择需要绘制的连续梁，如图 3.2-5 所示，将自动绘制三维图。

图 3.2-5 梁配筋三维图

2. 立剖面图

梁施工图除了平面表示图外，还需要生成立面图和剖面图，点击右侧【立剖面图】，输入绘图参数，点击需要绘制的梁，即可生成该梁的立面图和剖面图，如图 3.2-6 所示，本书实例某根梁的立剖面图。

除了上述两种梁图，还有其他形式的图，例如挠度图和裂缝图等，篇幅有限，用户可自行操作查看。

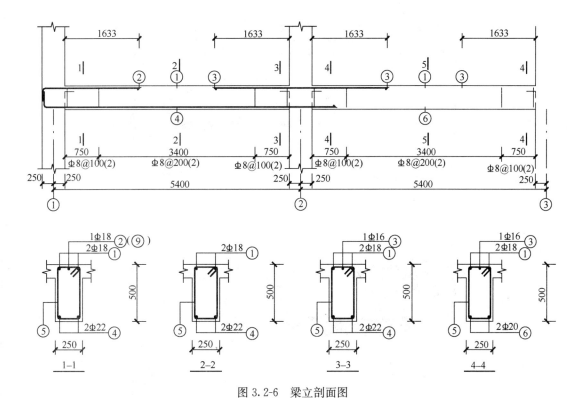

图 3.2-6 梁立剖面图

3.3 柱 施 工 图 设 计

柱施工图绘制包括以下流程：设置钢筋标准层、参数设置、柱筋归并、绘制楼层绘新图、钢筋修改、绘制柱表和柱平法出图。

3.3.1 设置钢筋标准层

单击右侧【设钢筋层】，程序将弹出柱钢筋标准层的定义界面，此界面与梁施工图模块的钢筋标准层定义界面相同，操作方法也相同，并且本书实例柱的钢筋标准层与梁的钢筋标准层一致。此处不再赘述。

3.3.2 参数设置

点击右侧【参数修改】，弹出柱参数设置对话框，如图 3.3-1 所示。设置柱绘图、归并、配筋等参数，用于柱配筋出图。

1. 施工图表示方法

（1）平面截面注写 1（原位）

选择该项后，将在截面中直接注写截面尺寸、配筋信息，如图 3.3-2 所示。

（2）平面截面注写 2（集中）

选择该项后，在平面图上原位标注归并的柱号和定位尺寸，截面详图在图面上集中绘制，如图 3.3-3 所示。

（3）平法列表注写

该方法由平面图和表格组成，表格中注写每一种归并截面柱的配筋结果，包括该柱各

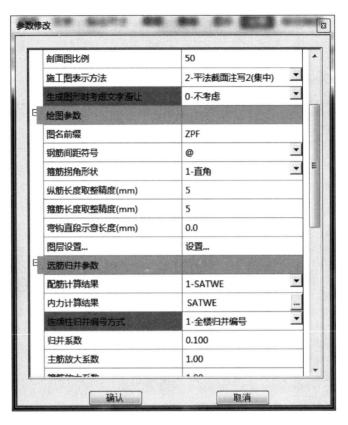

图 3.3-1　参数修改对话框

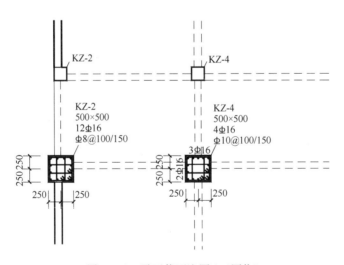

图 3.3-2　平面截面注写 1（原位）

钢筋标准层结果，如图 3.3-4 所示。

（4）PKPM 截面注写（原位）＋（集中）

与平面截面注写类似，不同的是标注线弯折情况，原位与集中截面注写如图 3.3-5 所示。

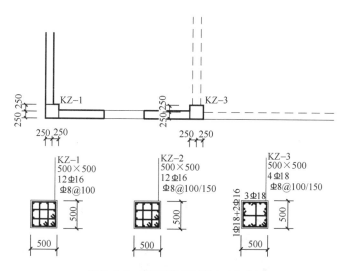

图 3.3-3　平面截面注写 2（集中）

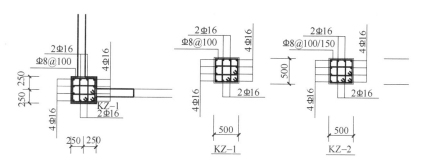

图 3.3-4　平法列表注写

柱号	标 高	b×h(b×h₁) (圆柱直径D)	b1	b2	h1	h2	全部钢筋	角筋	b边一侧 中部筋	h边一侧 中部筋	钢筋类型号	箍 筋	备 注
KZ-1	-1.500~3.500	500x500	250	250	250	250	12Φ16				1.(4x4)	Φ8@100	
	3.500~21.000	500x500	250	250	250	250	12Φ16				1.(4x4)	Φ8@100/150	
KZ-2	-1.500~21.000	500x500	250	250	250	250	12Φ16				1.(4x4)	Φ8@100/150	
KZ-3	-1.500~3.500	500x500	250	250	250	250		4Φ18	3Φ18	1Φ18+2Φ16	1.(3x3)	Φ8@100/150	
	3.500~21.000	500x500	250	250	250	250	12Φ16				1.(4x4)	Φ8@100/150	

图 3.3-4　平法列表注写

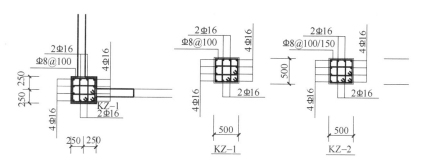

图 3.3-5　PKPM 截面注写（原位）＋（集中）

　　PKPM 剖面列表法与广东柱表这两种方法与前面的平面列表类似，这里不再介绍。

　　2. 连续柱归并号方式

　　PKPM 提供了两种编号方式：全楼归并编号和按钢筋标准层归并编号。前者是在全楼范围内根据用户定义的"归并系数"对连续柱进行归并编号；后者是在每个钢筋标准层的范围内根据用户定义的"归并系数"对连续柱进行归并编号。一般情况下，按全楼归并编号的柱子类别少于按钢筋标准层归并编号的柱子类别。

3.4 墙施工图设计

在剪力墙施工图中，涉及的内容包括：墙的平面布置、墙体配置的分布筋、墙端和若干到墙交汇处的边缘构件形状、尺寸和配筋、墙梁的尺寸、平面布置、高度和配筋。程序提供了"截面注写图"和"平面图＋大样"两种剪力墙施工图表达方式，用户可随时在这两种方式进行切换。

3.4.1 参数设置

进入剪力墙施工图界面后，点击右侧【工程设置】，弹出如图 3.4-1 所示对话框。

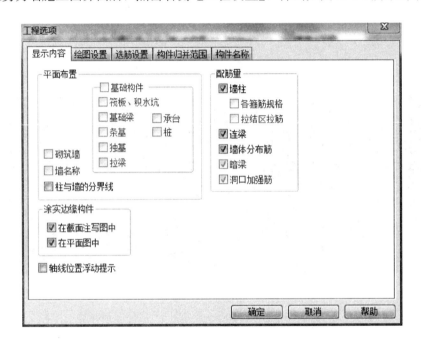

图 3.4-1 工程参数设置对话框

该对话框含有 5 个标签，用于设置工程参数。

1. 显示内容

（1）柱与墙的分界线：表示按绘图习惯确定是否要画柱和墙之间的界限。

（2）轴线位置浮动指示：若选择此项，则对已经命名的轴线在可见区域内示意轴号。但是此类轴号显示内容仅用于浮动指示，不保存在图形文件中。

2. 绘图设置

该标签下设置的参数，只对接下来绘制的图形有效。各参数根据工程实际，用户自行设置。

3. 选筋设置

本标签中，修改"钢筋级别"为 HRB400，其他参数用户可以选择默认或者自行设置。

3.4.2 自动配筋

设置完参数后，点击右侧【自动配筋】，PKPM 将自动根据设置参数进行计算并绘制墙筋，结果界面如图3.4-2所示。

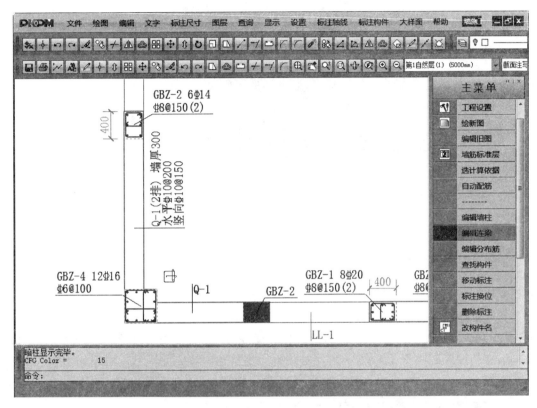

图 3.4-2　自动配筋结果

3.4.3 编辑剪力墙钢筋

绘制完钢筋后，可以通过右侧【编辑墙柱】、【编辑连梁】、【编辑分布筋】对墙筋进行修改。其中，墙柱包括端柱、翼柱、暗柱三种剪力墙边缘构件。墙梁指剪力墙上下层洞口间的墙，也称连梁。分布筋指剪力墙边缘构件以外的墙体部分布置的水平分布筋和垂直分布筋。

3.5　整榀框架施工图

作为本科毕业设计，经常用到的是整榀框架的内力图和施工图，所以本书对该标签进行介绍，便于本科毕业生学习。绘制整榀框架的施工图，前提需要在 PMCAD 模块生成 PK 文件。然后进入【墙梁柱施工图】选择【画整榀框架施工图】标签。

3.5.1 形成 PK 文件

切换至 PKPM 初始界面，选择 PMCAD 模块的【4 形成 PK 文件】，点击应用，进入新的界面，如图 3.5-1（a）所示。选择【1.框架生成】，进入 PMCAD 生成平面杆系结构计算数据界面，界面右侧如图 3.5-1（b）所示，可以通过点击【风荷载】和【文件名称】

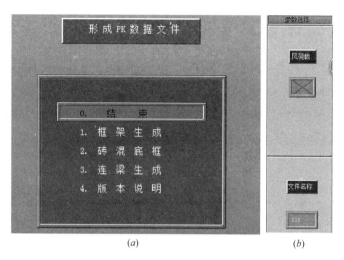

图 3.5-1　形成 PK 文件

进行风荷载信息输入和文件命名。

　　设置完风荷载信息后，根据命令栏提示点击＜Enter＞，然后通过＜Tab＞键切换选择方式，即直接输入轴号或者通过鼠标点击轴线的起点与终点，来确定需要计算的框架。选择完毕后，点击图 3.5-1（a）对话框的【0. 结束】。

　　完成上述操作后，PKPM 将进入 PK 交互输入与优化计算界面，界面显示的内容为前面选择的框架。右侧工具栏可以继续进行柱、梁等构件的信息设置以及荷载的输入。完成各类信息的设置后选择【结构计算】，提示输入文件名。输入完毕后，出现如图 3.5-2 所示对话框。

PK　内力计算结果图形输出

0 退出	1 显示计算结果文件
2 弯矩包络图	3 配筋包络和钢结构应力比图
4 轴力包络图	5 剪力包络图
6 恒载内力图	7 活载内力包络图
8 左风载弯矩图	9 右风载弯矩图
A 左地震弯矩图	B 右地震弯矩图
C 钢材料梁挠度图	D 节点位移图
E 图形拼接	F 结构立面简图

请移动光标选择菜单项

图 3.5-2　PK 内力计算结果图形输出

　　毕业设计一般需要给出某榀框架的内力图，此处用户可以选择适当的内力图进行输出，例如选择【弯矩包络图】，则给出该榀框架的弯矩包络图，如图 3.5-3 所示。

　　用户可以自行选择其他内力图，进行输出。篇幅有限，PK 文件就介绍到这里。

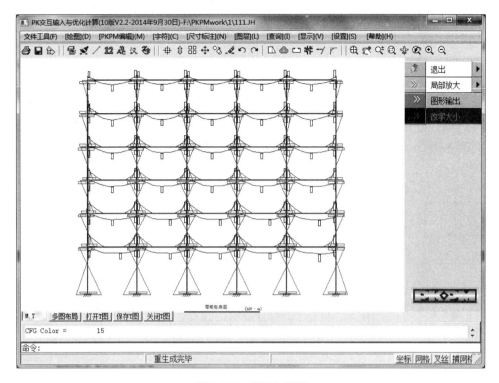

图 3.5-3　弯矩包络图

3.5.2　画整榀框架施工图

PK 文件形成后，点击存盘退出，选择【墙梁柱施工图】模块的【画整榀框架施工图】，点击【应用】，进入 PK 施工图界面，在该界面中，用户可以通过右侧工具栏，可以设置多项参数。例如参数修改、柱钢筋、梁上配筋、梁下配筋、梁柱箍筋、节点箍筋、梁腰筋、次梁、悬挑梁等进行设置。例如选择【梁柱箍筋】，显示下拉子菜单选项如图 3.5-4 所示，进行设置。

除了各构件钢筋信息可以修改设置，还可以进行挠度计算与裂缝计算，输出挠度图和裂缝图。

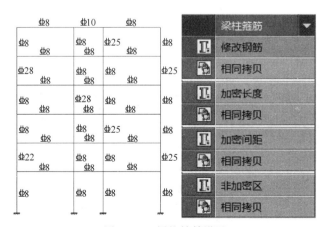

图 3.5-4　梁柱箍筋设置

设置完上述信息后，进行施工图绘制，选择右侧工具栏下方的【施工图】/【画施工图】，软件提示输入该榀框架的名称，然后给出整榀框架的钢筋施工图，如图 3.5-5 所示。

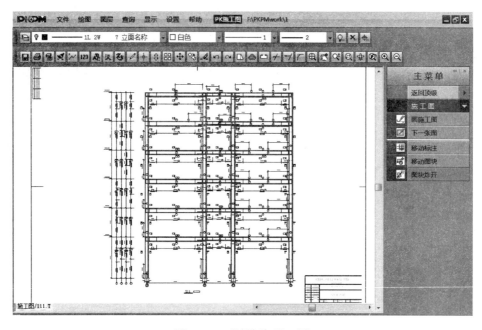

图 3.5-5　整榀框架施工图

点击【下一张图】，PKPM 将给出该榀框架的梁柱剖面图以及钢筋表，如图 3.5-6 所示。

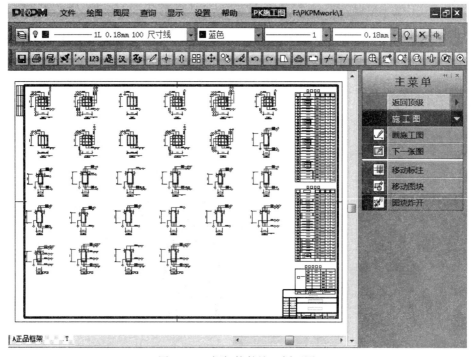

图 3.5-6　框架构件施工剖面图

第 4 章　JCCAD 基础设计

🎓 **本章重点**

1. 了解 JCCAD 模块功能。
2. 掌握柱下独立基础和桩基础的设计。
3. 掌握基础施工图的绘制。

4.1　JCCAD 基本概述

4.1.1　JCCAD 软件功能

基础设计软件 JCCAD 是 PKPM 系统中功能最为纷繁复杂的模块。主要功能包括：

◆ 适应多种类型基础设计
◆ 接力上部结构模型建立基础模型
◆ 接力上部结构计算生成的荷载
◆ 考虑上部结构刚度的计算
◆ 地质资料输入
◆ 导入 AutoCAD 各种基础平面图辅助建模
◆ 完成各种类型的基础施工图

4.1.2　JCCAD 基本工作流程

进入 PKPM 界面后，选择【结构】/【JCCAD】，界面如图 4.1-1 所示。

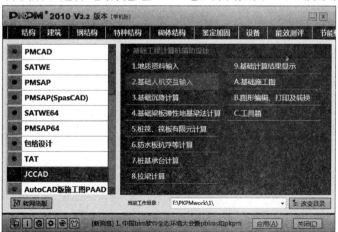

图 4.1-1　JCCAD 主菜单界面

使用 JCCAD 进行基础设计的基本工作流程包括：

◆ 在【基础人机交互输入】界面，完成参数和荷载的输入；并可以按照该信息自动生成柱下独立基础、墙下条形基础及桩承台基础。

◆ 在【基础梁板弹性地基梁法计算】界面，可以完成弹性地基梁基础、肋梁平板基础等基础的设计及独基、弹性地基梁板等基础的沉降计算。

◆ 在【桩基承台及独基沉降计算】界面，可以完成桩基承台的设计及桩基承台和独立基础沉降的计算。

◆ 在【桩筏、筏板有限元计算】界面，可以完成各类有桩基础、平筏板等多种基础的计算分析。

◆ 在【基础施工图】界面，可以完成以上各类基础的施工图绘制。

4.2 基础人机交互输入

4.2.1 概述

基础人机交互输入程序是 JCCAD 软件的重要组成部分，通过读入上部结构的布置与荷载，自动设计生成或人机交互定义、布置基础模型数据来实现，这是后续基础设计、计算、施工图辅助设计的基础。

鉴于本书篇幅有限，着重介绍柱下独立基础、桩承台基础的设计，其他基础的设计用户可查阅相关资料。

点击【基础人机交互输入】，进入界面将出现如图 4.2-1 所示对话框。

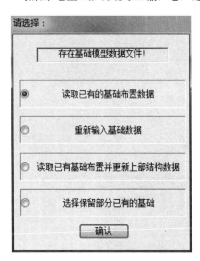

图 4.2-1 选择基础模型数据对话框

【读取已有的基础布置数据】：程序将原有的基础数据和上部结构数据全部读出。

【重新输入基础数据】：程序仅仅读取 JCCAD 数据、砌体结构或钢结构生成的轴网、柱、墙、支撑布置信息。首次操作时建议选取。

【读取已有基础布置并更新上部结构数据】：当上部结构建模信息做了变动，如果想保留原基础数据中不受修改影响的内容，则选择此项。

【选择保留部分已有的基础】：有选择地读取原有的基础数据和上部结构数据。单击选取后屏幕显示可供选择的基础信息对话框，进行设置。

4.2.2 参数输入

地质资料由于本书实例较简单，不进行地质资料输入，用户可以根据工程实际进行设置。点击【参数输入】，展开下拉子菜单，选择【基本参数】，弹出如图 4.2-2 所示对话框。

该对话框包含 4 个标签选项，下面对部分选项进行介绍。

1. 地基承载力

该标签中，提供了 5 种规范供用户选择，选择不同的规范，对应的选项不同，此处选用 "中华人民共和国国家标准 GB 50007—2011 [综合法]"，即《建筑地基基础设计规范》

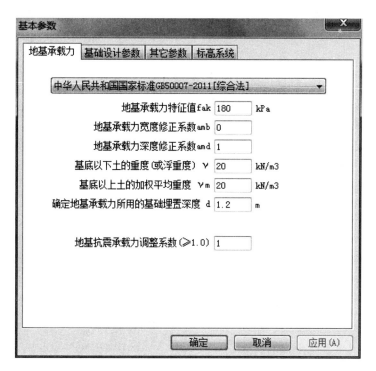

图 4.2-2 基本参数

（以下简称《基础规范》）。

① 地基承载力特征值 f_{ak}：根据地质勘测报告填写。初始默认值为 180。

② 地基承载力宽度修正系数 a_{mb}：初始值为 0，根据《基础规范》5.2.4 规定进行确定。

③ 地基承载力深度修正系数 a_{md}：初始值为 1，即不进行修正，根据《规范》5.2.4 规定进行确定。

④ 基底以下土的重度（或浮重度）γ：初始值为 20，根据地质勘测报告输入。

⑤ 基底以上图的加权平均重度 γ_m：初始值为 20。

⑥ 确定地基承载力所用的基础埋置深度 d：一般从基础底面算至室外设计地面。用户应结合工程实际，以及地基土的组成情况，确定基础形式及埋深，根据《基础规范》进行确定。

2. 基础设计参数

本标签是用于基础设计的公共参数设置。

① 基础归并系数：用于独立基础和条形基础截面尺寸归并时的控制参数，当基础宽度差异值小于归并系数，则 PKPM 将其自动归为一类。默认的归并系数为 0.2。

② 独基、条基、桩承台底板混凝土强度等级 C：用户设定浅基础的混凝土强度等级，初始值为 20。

③拉梁承担弯矩比例：拉梁来承担独立基础或者桩承台沿梁方向上的弯矩，以减小独立基础基底面积。初始默认值为 0，表示拉梁不承担弯矩。

④结构重要性系数：按照《混凝土规范》采用，初始值为 1.0。

3. 其他参数

① 人防等级：分为三类，包括不计算、4-6 及核武器、常规武器。根据工程实际选择即可。

② 底板等效静荷载：选择人防等级后，程序会给出选择项。

③ 顶板等效静荷载：同底板等效静荷载。

4.2.3 荷载输入

单击右侧【荷载输入】，将展开子菜单。通过该项可以实现自动读取多种 PKPM 上部构件分析程序传递下来的各单个工况荷载标准值，包括平面荷载、SATWE 荷载、TAT 荷载、PK 荷载等。对于各子菜单选项进行说明。

1. 荷载参数

单击【荷载参数】将弹出如图 4.2-3 所示对话框。

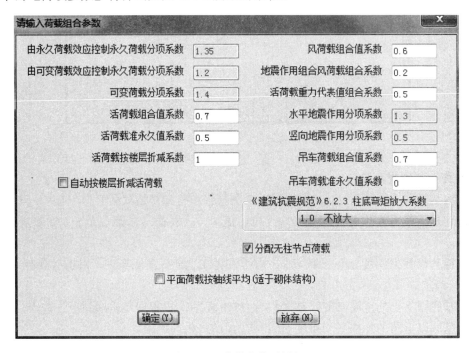

图 4.2-3 荷载参数对话框

对话框中分为黑色部分和灰色部分，一般黑色部分是用户可以根据工程实际进行修改的；灰色部分是按照规范已经设定完毕的，不进行修改。

2. 无基础柱

该项一般用于设计砌体结构墙下条形基础。

3. 附加荷载

该项用于输入附加荷载，包括点荷载和线荷载。附加荷载一般是由于基础上部的填充墙和设备引起的。

4. 读取荷载

单击【读取荷载】，弹出【选择荷载类型】对话框，建议选择 SATWE 荷载。如图 4.2-4 所示。

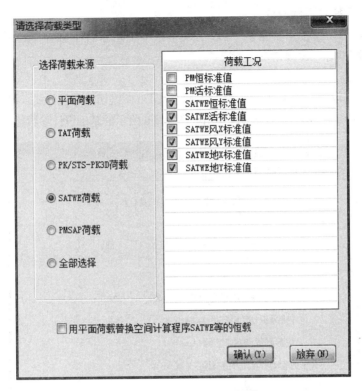

图 4.2-4　选择荷载类型对话框

根据《抗震规范》4.2.1，来确定是否选取地震荷载。

5. 当前组合

点击右侧【当前组合】，弹出如图 4.2-5 所示选择荷载组合类型对话框。

请选择荷载组合类型
1216:SATWE基本组合:1.20*恒+1.40*活-0.60*1.40*风x
1220:SATWE基本组合:1.20*恒+1.40*活+0.60*1.40*风y
1224:SATWE基本组合:1.20*恒+1.40*活-0.60*1.40*风y
1228:SATWE基本组合:1.20*恒+1.40*风x+0.70*1.40*活
1232:SATWE基本组合:1.20*恒-1.40*风x+0.70*1.40*活
1236:SATWE基本组合:1.20*恒+1.40*风y+0.70*1.40*活
1240:SATWE基本组合:1.20*恒-1.40*风y+0.70*1.40*活
1644:SATWE基本组合:1.20*(恒+0.50*活)+1.30*地x+0.50*竖地
1645:SATWE基本组合:1.20*(恒+0.50*活)-1.30*地x+0.50*竖地
1646:SATWE基本组合:1.20*(恒+0.50*活)+1.30*地y+0.50*竖地
1647:SATWE基本组合:1.20*(恒+0.50*活)-1.30*地y+0.50*竖地
1648:SATWE基本组合:1.20(恒+0.50*活)+0.20*1.40*风x+1.30*地x+0.50*竖
1652:SATWE基本组合:1.20*(恒+0.50*活)+0.20*1.40*风y+1.30*地y+0.50*竖
1656:SATWE基本组合:1.20*(恒+0.50*活)-0.20*1.40*风x-1.30*地x+0.50*竖上
1660:SATWE基本组合:1.20*(恒+0.50*活)-0.20*1.40*风y-1.30*地y+0.50*竖上

确认 (Y)　　　　放弃 (N)

图 4.2-5　当前组合对话框

其中带"＊"的是当前选择的荷载组合。

4.2.4 柱下独立基础设计

返回顶级，选择【柱下独基】，展开子菜单。本项用于柱下独立基础的设计，用户可以指定设计参数和输入荷载情况。

1. 自动生成

用于地基自动设计，点击【自动生成】，通过<Tab>键切换布置方式，可以点击选择布置或者窗口布置。PKPM将根据用户选择弹出如图4.2-6所示的基础设计参数输入对话框。

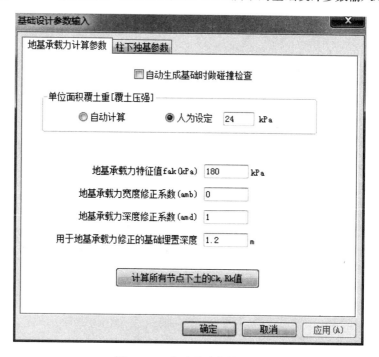

图 4.2-6 基础设计参数输入

（1）地基承载力计算参数

① 自动生成基础时做碰撞检查：建议选择该项，若基础底面出现重叠，则 PKPM 自动将该基础合并成双柱基础或多柱基础。

② 单位面积覆土重：可以选择自动计算或者人为设定值，用户设定值应考虑加权平均值，默认为 24。

（2）柱下独基参数

① 独基类型：PKPM 给出了 8 种选择类型，本书实例选用工程中现在常用的阶形现浇独基类型。

② 独基最小高度：PKPM 确定独立基础尺寸的起算高度，若冲切计算不能满足要求，PKPM 会自动增加基础各阶高度，初始值为 600mm。

③ 独基底面长宽比：调整基础底板长宽的比值，默认值为 1，此项仅对独立基础起作用。

④ 基础底板钢筋类别：本书实例选用 HRB400 型钢筋。

设置完毕后，点击【确定】，则界面会显示自动生成柱下独立基础的示意图，如图4.2-7 所示。

2. 计算结果

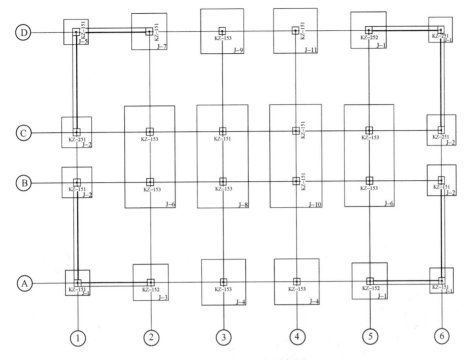

图 4.2-7 独立基础示意图

点击【计算结果】，将显示独立基础计算结果文件，如图 4.2-8 所示。计算书包括每个荷载工况组合、每个柱子在各组荷载下求出的底面积、冲切结算结果等。

图 4.2-8 计算结果文件

3. 多柱基础

当框架柱根数大于两根且间距比较近时，可以使用【多柱基础】，生成一个含多框架柱的基础。该实例用不到此选项。

4. 独基删除

运用该选项删除先前不合适的基础，进行重新布置。

4.2.5 桩承台基础设计

桩基础分为承台桩和非承台桩。通过承台与上部结构的框架柱相连接的桩称为承台桩；其余称为非承台桩。篇幅有限，此处介绍承台桩基础设计。

设置完参数和荷载输入，返回顶级点击【承台桩】，展开子菜单。下面对桩承台设计中用到的各选项及参数设置进行介绍。

1. 桩定义

点击子菜单的【桩定义】，将弹出"选择［桩］标准截面"对话框，与前面 PMCAD 中柱梁等构件布置对话框类似，含有【新建】、【修改】等选项。点击【新建】，弹出如图 4.2-9 所示对话框。

图 4.2-9　基桩/锚杆定义对话框

对话框中可以设置预制方桩、水下冲（钻）孔桩、干作业冲（钻）孔桩、预制混凝土管桩、钢管桩、双圆桩、锚杆。抗压承载力、桩直径等参数也可以通过上述对话框设置。用户一定要首先定义桩再进行桩布置设计。

2. 承台参数

该项用于控制承台的尺寸和构造，且仅对【自动生成】中的桩承台起作用。点击【承台参数】PKPM 将弹出对话框，参数含义如下：

① 桩间距：指承台内桩形心到桩形心的最小距离。

② 桩边距：指承台内桩形心到承台边的最小距离。

③ 承台形状：该选项仅对四桩及以上有用，三桩及以下为平面。

④ 施工方法：该参数指承台上接的独立柱施工方法。

3. 自动生成

该选项类似独立基础的自动生成，对于桩基础，该选项仅对柱下桩承台起作用。点击【自动生成】，切换布置方式，选择窗口或者点选直接布置等方式，指定生成柱下承台的范围，PKPM自动完成柱下承台的设计。本书实例不需要进行桩基础设计，为了更详细介绍桩承台设计，使用自动生成后的示意图如图4.2-10所示。

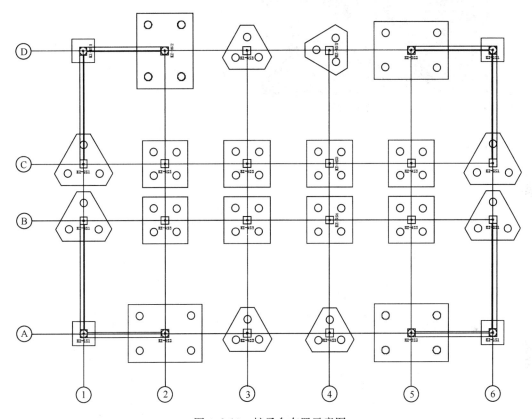

图 4.2-10　桩承台布置示意图

4. 承台布置

该选项可以定义新承台，对已经存在的承台进行修改，尤其使用【自动生成】生成的承台，个别不符合要求可进行修改。点击【承台布置】，在弹出的对话框中选择需要修改的承台，点击【修改】，弹出如图4.2-11所示对话框。

5. 联合承台

工程中若出现两个以上四个以下相邻较近的独立柱，可使用本选项生成联合承台。例如本书实例中间两个独立柱相邻较近，可以使用该项，点击【联合承台】，按照命令栏提示，围取要布置联合承台的节点和网格，即框选原来的承台进行联合布置；框选完毕点击＜Esc＞或者点击鼠标右键，根据命令栏提示再点击＜Enter＞键。则完成承台的联合布置，联合后的承台示意图如图4.2-12所示。

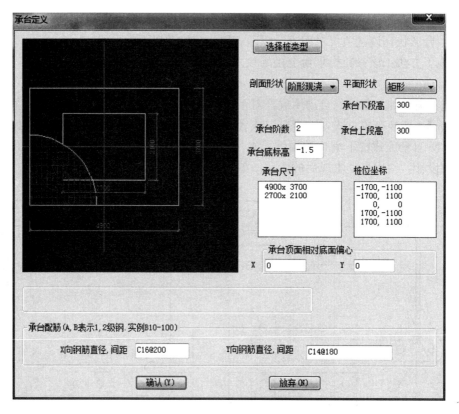

图 4.2-11 承台定义对话框

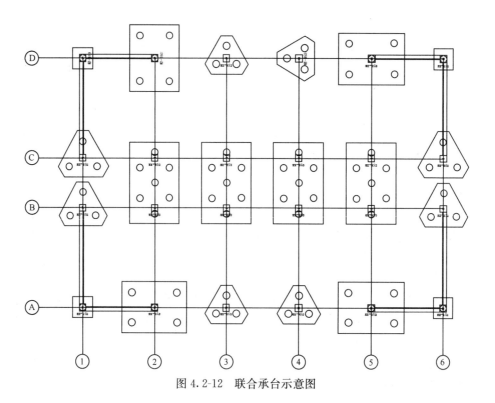

图 4.2-12 联合承台示意图

4.3 基础施工图

基础施工图可以承接基础建模中构件数据绘制基础平面施工图，也可承接 JCCAD 基础计算程序绘制基础梁平法施工图等。完成前面的各基础设计后，就可以进行基础施工图绘制。

4.3.1 基础平面图

返回 JCCAD 初始界面，点击【A. 基础施工图】，进入新界面。可以通过【参数设置】、【绘新图】、【编辑旧图】来编辑施工图。

点击【标注构件】下拉子菜单中的【条基尺寸】、【独基尺寸】等命令完善基础平面图。点击【标注轴线】、【标注字符】完成轴线、构件编号等的标注。

按照上一节讲的独立基础设计和承台桩基础设计，绘制的基础平面图如图 4.3-1 所示。

4.3.2 基础详图

完成基础平面施工图后，点击右侧子菜单中的【基础详图】，首先弹出的是选择"新建 T 图绘制详图"或者"在当前图中绘制详图"对话框，用户可以自行选择。

基础详图下的子菜单中，包括【绘图参数】、【插入详图】、【删除详图】、【移动详图】、【钢筋表】命令。设置完绘图参数后，进行【插入详图】即可选择插入特定的基础详图。结合本书实例插入承台桩基础详图（如图 4.3-2 所示）和独立基础详图（如图 4.3-3 所示）。

本篇 PKPM 知识介绍到此结束，用户可以结合实例进行练习。

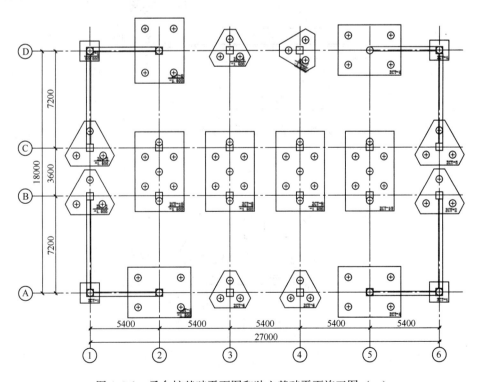

图 4.3-1 承台桩基础平面图和独立基础平面施工图（一）

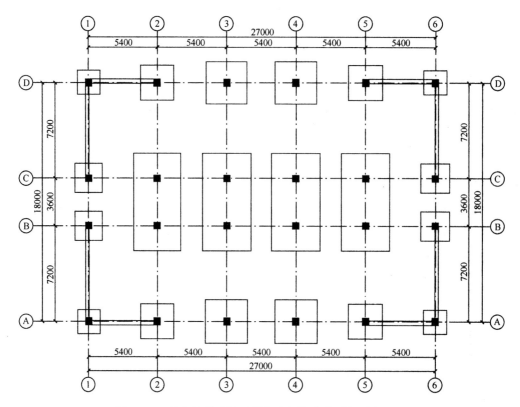

图 4.3-1 承台桩基础平面图和独立基础平面施工图（二）

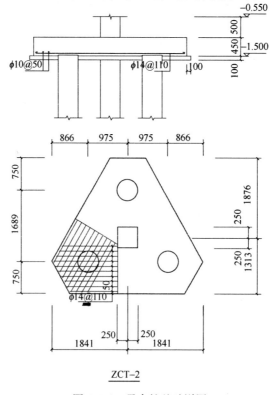

ZCT-2

图 4.3-2 承台桩基础详图

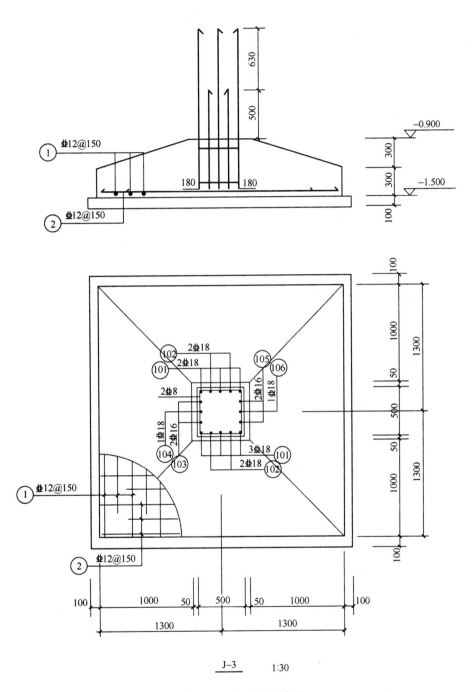

Φ12@150

630

500

−0.900

300

300

−1.500

100

180   180

Φ12@150

Φ12@150

2Φ18

102

105

101

2Φ18

106

2Φ8

2Φ16

1Φ18

1Φ18

2Φ16

104

3Φ18

103

101

2Φ18

102

Φ12@150

Φ12@150

100

1000

50

500

50

1000

100

1300

1300

100

1000

50

500

50

1000

100

1300

1300

J-3   1:30

图 4.3-3 独立基础详图

第二篇

ABAQUS 软件

本篇要点

　　本篇面向初学者介绍 ABAQUS 有限元软件。通过两个常用工程构件，使读者详细了解 ABAQUS 各个模块的功能和作用，包括创建部件、材料和截面、定义装配件、设置分析步、设置相互作用、定义荷载和边界条件、划分网格、提交作业以及后处理等。

　　两个常用工程构件为：

- 工字钢梁
- 钢筋混凝土简支梁

第5章 ABAQUS 软件在工字钢梁中的应用

🎓 本章重点

1. 了解 ABAQUS 模块功能。
2. 熟悉 ABAQUS 建模的基本流程。
3. 掌握建模过程中相关参数设置。

5.1 ABAQUS 概述

ABAQUS 是一套功能强大的工程模拟有限元软件，拥有丰富的单元库和材料模型库，可以模拟各种典型工程材料和结构，其中包括钢筋混凝土结构、土壤、岩石、金属、橡胶、高分子材料以及复合材料等，其解决问题的范围从线性分析到复杂的非线性问题。ABAQUS 除了能解决大量土木工程中结构（应力/位移）问题，还可以模拟其他工程领域的许多问题，例如岩土力学分析（流体渗透/应力耦合分析）、质量扩散、热电耦合分析、声学分析、热传导及压电介质分析等。

5.1.1 ABAQUS 基础

ABAQUS 软件完整的分析过程通常包括三个步骤：前处理、模拟计算和后处理。这三个步骤通过文件之间建立的联系如图 5.1-1 所示。

前处理（ABAQUS/CAE）：在前处理阶段，需定义结构模型并生成 ABAQUS 输入文件。可以使用 ABAQUS/CAE 或其他前处理模块，在图形环境下生成模型，也可用文件编辑器来生成 ABAQUS 输入文件。

模拟计算（ABAQUS/Standard）：用 ABAQUS/Standard 求解，一般是作为后台进程进行处理。

后处理（ABAQUS/CAE）：完成模拟计算后，得到结构的位移、应力或其他变量，可以使用 ABAQUS/CAE 或其他后处理软件中的可视化模块在图形环境下交互式地进行后处理，并对计算结果进行分析评估，后处理的可视化结果有多种，包括变形形状图、应力云图、彩色等值线图等。

图 5.1-1 ABAQUS 分析的
主要过程

5.1.2 运行 ABAQUS/CAE

运行 ABAQUS/CAE，如图 5.1-2 所示，显示【创建

模型数据库】中有三种模型"采用 Standard/Explicit 模型"、"采用 CFD 模型"和"电磁模型"。对于结构计算，选择"采用 Standard/Explicit 模型"。

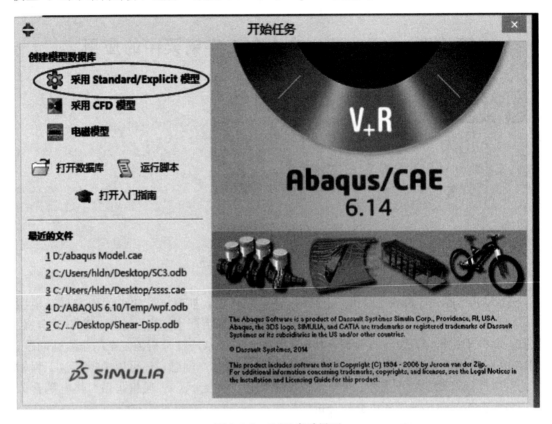

图 5.1-2　CAE 启动界面

ABAQUS/Standard（隐式求解器）是一个通用的分析模块，它能求解广泛领域的线性和非线性问题，包括静力、动力、构件的热和电响应。它的特点是每一个求解增量步结束的时候，隐式的有限元都要解一组方程组，因此较稳定但计算效率低。ABAQUS/Explicit（显式求解器）是利用对时间变化的显式积分求解动态有限元方程。该模块适合于分析像冲击和爆炸这样短暂、瞬时的动态事件，对高度非线性问题也非常有效。它的特点是不需要求解方程组，通过动态方法推进增量计算，因此条件稳定且计算效率高。

5.1.3　ABAQUS/CAE 窗口

ABAQUS/CAE 主窗口如图 5.1-3 所示，包含以下组成部分：

1. 标题栏

标题栏给出了正在运行的 ABAQUS/CAE 的版本和当前的模型数据库的名称。

2. 菜单栏

菜单栏中包含了所有的菜单，通过对菜单的操作可以调用 ABAQUS/CAE 的全部功能。

3. 工具栏

工具栏提供了一种快速操作途径来调用菜单中常用命令，方便用户使用。

图 5.1-3 ABAQUS/CAE 窗口介绍

4. 环境栏

ABAQUS/CAE 中有一系列功能模块,其中每一个模块只针对模型的某一方面进行操作。用户可以在环境栏的列表中进行各模块之间的切换。

5. 模型树

模型树可以直观地显示模型的各方面的特性,可以使用户对建立的模型以及模型包含的对象有一个图形上的直观概述,方便用户的操作。使用模型树可以方便地在各功能模块间切换,并且可以实现菜单栏和工具栏的大部分功能。

6. 绘图栏

绘图栏是 ABAQUS/CAE 显示模型几何图形的窗口,用户在此对模型进行操作从而实现交互式输入。

7. 工具区

当进入某一功能模块,工具区中就会出现该功能模块对应的工具供用户使用。

8. 信息窗口

信息窗口可以显示当前的状态信息和警告信息。

9. 提示区

提示区会提示用户下一步的操作。

5.1.4 ABAQUS 功能模块

ABAQUS/CAE 通过不同的功能模块将建模、分析、工作管理和结果显示集成于一个方便的环境中,下面按照环境栏中"模型"列表中的顺序简要介绍这些功能模块。

- 部件:可以通过图形工具直接绘制几何图形,创建模型的各个单独的部件。
- 属性:定义整个部件或某个部件的特性,比如材料的性质和截面的几何形状,并将这些特性赋予部件或某一部分。
- 装配:创建部件时,它们存在于自己独立的坐标系内,独立于模型的其他部分。建立模型时需要将各个独立的部件进行装配,在总体坐标系中组成装配件。一个 ABAQUS 模型只能包含一个装配件。
- 分析步:分析步一般包含分析过程选择、载荷选择和输出要求选择。由于模拟计算的加载过程包含单个或多个步骤,所以要定义分析步,而且每个分析步都可以采用不同的载荷、边界条件、分析过程和输出要求。
- 相互作用:该模块指定模型中不同部件之间或不同区域之间的相互作用(如接触约束等)。如果不定义相互作用,ABAQUS/CAE 不会自动识别部件实例之间或者装配件的子区域之间的力学关系。此外相互作用还需规定在哪个分析步中使用。
- 荷载:定义荷载、边界条件和场变量。
- 网格:对装配件进行有限元网格剖分并达到分析需要的网格。
- 作业:生成作业并提交进行分析计算,用户可以提交多个模型的分析作业并监视过程和查看结果。
- 可视化:对模型分析结果进行图形显示。
- 草图:Sketch 是二维轮廓图形,用来帮助形成几何形状并创建部件。

5.1.5 ABAQUS 的单位

ABAQUS 与其他有限元分析软件一样,在运算过程中并不包含单位或量纲的概念,因此在进行有限元分析之前用户需要自己去统一单位制。ABAQUS 中常用的单位制如表 5.1-1 所示,表中所示的单位是需要用户将所需分析的数据或者资料进行换算统一的,ABAQUS 不会对单位进行分辨。也就是说,在有限元分析过程中软件默认用户从模型输入到结果输出是保持一致的,如结构尺寸的单位是"m",输入线荷载的单位是"kN/m",输出的应力结果只能是"kN/m^2";用户如果希望得到"N/mm^2",则需要在输入时构件尺寸的单位使用"mm",荷载的单位使用"N/mm"。一般而言,用户可以先确定基本物理量再确定导出物理量,但实际情况下,也可以根据需要先确定导出物理量再反推基本物理量。

ABAQUS 中常用单位   表 5.1-1

量纲	SI 单位	SI 单位（mm）	US 单位（ft）	US 单位（inch）
长度	m	mm	ft	in
力	N	N	lbf	lbf
质量	kg	tonne（10^3 kg）	slug	lbf · s^2/in

量纲	SI 单位	SI 单位（mm）	US 单位（ft）	US 单位（inch）
时间	s	s	s	s
应力	Pa（N/m²）	MPa（N/mm²）	lbf/ft²	psi（lbf/in²）
能量	J	mJ（10^{-3} J）	ft·lbf	in·lbf
密度	kg/m³	tonne/mm³	slug/ft³	lbf·s²/in⁴

提示

选择量纲时用户应考虑以下问题：

（1）确定分析中使用的物理量的数量级，避免使数据出现过大或过小情况。

（2）同一个问题中所有的物理量应保持一致，计算过程中尽量不要随意转换。

5.2 创 建 部 件

5.2.1 工字钢梁模型基本参数

本章结合一根工字钢梁模型介绍 ABAQUS 软件的基本操作和使用。

结构模型为一根简支工字钢梁，钢梁如图 5.2-1 所示，两端铰接，跨度 $L=10$m，上翼缘承受满跨 2.5×10^5N/m² 的均布荷载。截面详细尺寸如图 5.2-2 所示。

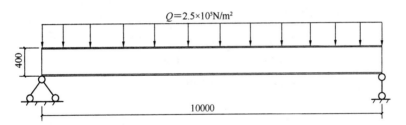

图 5.2-1 工字钢梁（单位：mm）

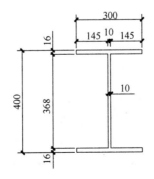

图 5.2-2 工字梁截面（单位：mm）

材料特性：弹性模量 $E=2.1\times10^{11}\,\mathrm{N/m^2}$，泊松比 $\mu=0.3$，屈服强度 $f_y=3.45\times 10^8\,\mathrm{N/m^2}$。

计算模型采用实体单元进行建模分析。

5.2.2 部件模块介绍

部件是 ABAQUS 模型的基本组成元素。ABAQUS 中包括两种部件：几何部件和网格部件。几何部件是基于部件的几何信息特征建立的，采用几何部件方法有利于快速修改模型的几何形状；网格部件直接使用划分好的网格，包括关于结点、单元、面和集合的信息，有利于对结点和单元的编辑。两种部件根据模型的实际情况灵活使用。

部件模块的功能介绍如图 5.2-3 所示。

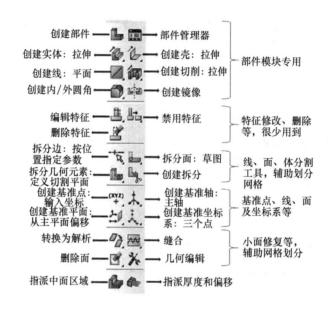

图 5.2-3 部件模块功能介绍

> 💡 **提示**
>
> 需要说明的是，若按钮右下角有小黑三角，说明如果点击并按住鼠标左键不放，则展开其他类似的功能供用户选择。

5.2.3 部件的创建

图 5.2-1 型钢模型比较简单，只需建立一个部件即可。本模型采用实体建模，该部件采用先建立截面再拉伸的方式建立，具体步骤如下：

点击绘图栏左侧工具区的"创建部件"按钮（图 5.2-4），弹出相应对话框（图 5.2-5），在名称栏对部件进行命名，模型空间选择"三维"，类型选择"可变形"，基本特征的形状选为"实体"，类型选择"拉伸"，并在"大约尺寸"文本框中输入"1"，如图 5.2-5所示。这里将"大约尺寸"设置为"1"可以理解为软件给出一个 1×1 的正方形区域，供用户绘制截面草图时使用。"大约尺寸"在设置时不宜过大，大致可以设定为截面尺寸的2倍。

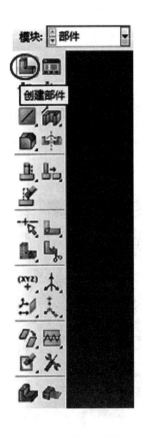

图 5.2-4　创建部件按钮　　　　　图 5.2-5　创建部件对话框

之后点击"继续"后开始为截面绘制草图，此时点击工具区的【创建线】（图 5.2-6），并依次在提示区输入截面各点的坐标：（−0.15，0.2）（0.15，0.2）（0.15，0.184）

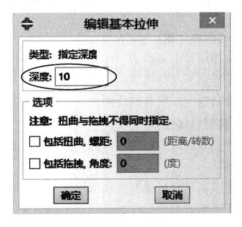

图 5.2-6　创建线按钮　　　　　图 5.2-7　编辑基本拉伸对话框

（0.005，0.184）（0.005，-0.184）（0.15，-0.184）（0.15，-0.2）（-0.15，-0.2）（-0.15，-0.184）（-0.005，0.184）（-0.005，0.184）（-0.15，0.184）（-0.15，0.2）。

提示

（1）ABAQUS 中数据的输入必须是在英文格式下才能录入成功。

（2）ABAQUS/CAE 不会自动保存模型数据，需每隔一段时间保存模型，以防万一。

（3）绘图时若出现错误可以点击左侧工具栏的恢复按钮，恢复到操作前一步的状态。

坐标输入完成后，在接下来弹出的【编辑基本拉伸】窗口中，"深度"填写 10（图5.2-7），即可得到部件的三维模型，如图 5.2-8 所示。

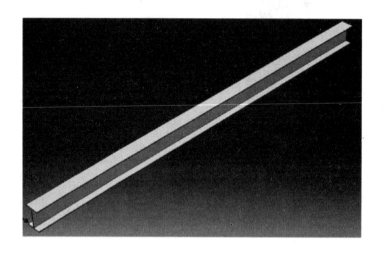

图 5.2-8　钢梁三维模型

5.3　创建材料和截面属性

5.3.1　属性模块介绍

属性模块的作用是定义整个部件或某个部件的特性，比如材料的性质和截面的几何形状，并将这些特性赋予部件或某一部分，用户可以先创建材料，然后创建截面并指派截面完成对部件属性的定义。属性模块的功能介绍如图 5.3-1 所示。

5.3.2　创建材料属性

本例中需要先定义材料的属性，然后定义截面的属性并将其分配给模型中的截面。具体的操作步骤如下：

本例中钢梁采用了理想弹塑性的本构模型，如图 5.3-2 所示，即认为当钢梁达到屈服强度后，应力不再随着应变增大而增大。点击工具区的"创建材料"（图 5.3-3），弹出"编辑材料"对话框，定义材料"名称"为"steel"。

在【编辑材料】对话框点选"力学"，并分别点选"弹性"和"塑性"定义弹性状

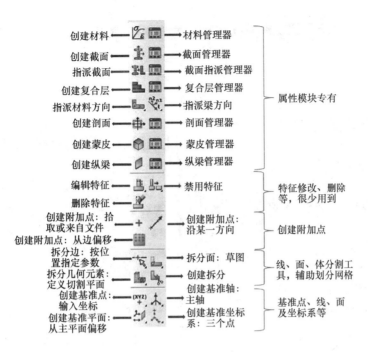

图 5.3-1 属性模块功能介绍

态下的杨氏模量和泊松比，以及塑性状态下的屈服应力和塑性应变：图 5.3-4 弹性属性编辑中，"杨氏模量"为 2.1e11，"泊松比"为 0.3；图 5.3-5 塑性属性编辑中，"屈服应力"为 3.45e8，"塑性应变"为 0，这里采用的是图 5.3-2 所示理想弹塑性的钢材本构关系模型，认为在钢材达到屈服强度后的应力不再随应变增大而增大，即不考虑进入塑性状态后材料的强化性质，因此塑性应变设定为 0；其他细节如图 5.3-4 和图 5.3-5 所示。

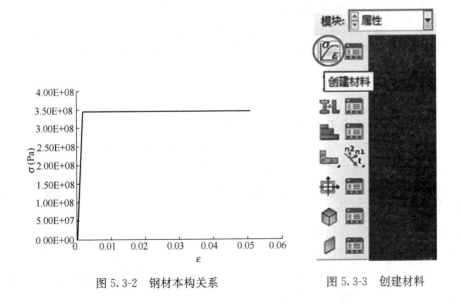

图 5.3-2 钢材本构关系　　　图 5.3-3 创建材料

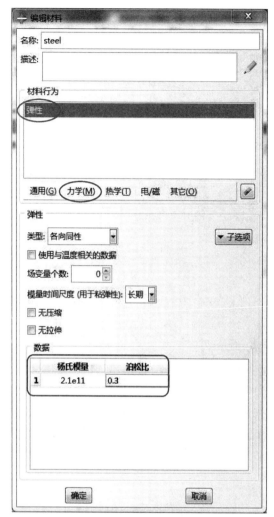

图 5.3-4 编辑弹性属性对话框

图 5.3-5 编辑塑性属性对话框

5.3.3 创建截面

如图 5.3-6 所示，点击工具区的"创建截面"，弹出【创建截面】对话框（图 5.3-7）。定义截面"名称"为"Section-steelbeam"。题目中要求采用实体单元进行模拟，钢的材料属于均质材料，所以按照图 5.3-7 进行设置"类别"和"类型"。设置后点击"继续"，弹出图 5.3-8【编辑截面】，材料属性选择设置后的"steel"，然后点击"确定"完成截面属性的定义。

截面创建完毕后接着进行截面的分配，点击工具区的"指派截面"（图 5.3-9），提示区会提示选择要指派截面的区域，此时选已创建的工字梁部件并点击鼠标中键确认，弹出【编辑截面指派】对话框（图 5.3-10），选择截面后点击"确定"后截面分配完毕，可以看到被分配的工字梁变为绿色（图 5.3-11）。

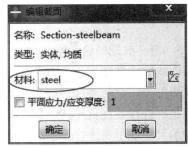

图 5.3-6　创建截面按钮　　　图 5.3-7　创建截面对话框　　　　图 5.3-8　编辑截面对话框

图 5.3-9　指派截面按钮　　　图 5.3-10　编辑截面指派对话框

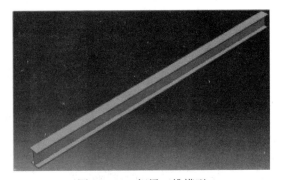

图 5.3-11　钢梁三维模型

提示

ABAQUS 先将材料特性定义在截面属性上，再将截面属性赋予相应的部件上，不能直接将材料特性赋予相应的单元和几何部件。

5.4 定义装配件

5.4.1 装配模块介绍

创建的部件存在于各自独立的坐标系内，各个部件没有关联，并不是一个整体。装配模块的作用就是将部件转化为实例，能使其在同一坐标系下定位和组装形成装配件。实例是部件在装配件中的映射，实例不能直接编辑，需要通过修改部件来修改实例。当部件的尺寸发生了改变，装配件中的所有与其部件有关的实例也会发生改变。如果将装配件比作一辆汽车，部件就相当于制作各个汽车零部件的模具，零部件已经选择好所用的材料类型，装配模块的功能就是利用模具（部件）制造出相应的零部件，并在同一坐标系下，将零部件组装定位、拼装成一辆汽车（装配件）。部件与实例的区别如表 5.4-1 所示。

部件与实例的区别 表 5.4-1

不同点	部件	实例
创建位置	部件模块	装配模块
坐标系	独立坐标系	全局坐标系
能否被编辑	能	不能
作用的范围	部件模块、属性模块、网格模块（非独立实例）	装配模块、相互作用模块、载荷模块、网格模块（独立实例）

装配模块的功能介绍如图 5.4-1 所示。

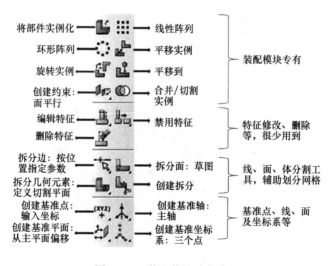

图 5.4-1 装配模块功能介绍

5.4.2 定义装配件

首先在环境栏的模块列表中选择"装配"功能模块，之后点击工具区的"将部件实例化"（图 5.4-2），绘图区显示部件三维模型，同时弹出【创建实例】对话框（图 5.4-3）。在对话框中选中部件"steel beam"并将"实例类型"选择为"非独立（网格在部件上）"，点击"确定"完成对部件的定义，部件变为蓝色（图 5.4-4）。

图 5.4-2　将部件实例化按钮

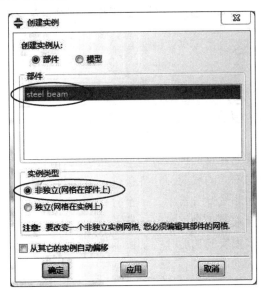

图 5.4-3　创建实例对话框

图 5.4-4　实例化后钢梁三维模型

实例分为独立和非独立两种类型，这两种实例没有本质的区别，只是划分网格的方法不同。默认情况下，ABAQUS/CAE 会为部件创建一个非独立实例。实际上，一个非独立实例只是原始部件的一个指针，一个非独立实例和原始部件共用几何体和网格。因此，可以对原始部件划分网格，但是不能对一个非独立实例划分网格。当对原始部件划分网格后，ABAQUS/CAE 将相同的网格应用给这个部件的所有非独立实例。并且对于每个非独立实例（由同一部件生成的）不能改变网格的属性，因为它们的网格都为部件的网格。这些网格属性包括网格种子、网格控制、单元类型以及网格本身。然而，如果用户改变了原始部件的网格属性，ABAQUS/CAE 会将这些改动传给这个部件所对应的每个非独立实例。非独立实例的优点就是可以节约很多内存资源，并且对部件进行网格划分只需要进行一次。相比之下，一个独立实例（Independent instance）只是原始部件几何模型的复制。在创建一个独立实例后，就不能对部件进行网格划分了，但是要对每个独立实例进行网格划分，因而独立实例的缺点就在于占用过多的内存资源。对于同一个部件，不能同时创建非独立实例和独立实例，如果对一个部件创建了一个非独立实例，则后面用这个部件创建的实例都为非独立实例，对于独立实例也是这样。

5.5 设置分析步

5.5.1 分析步模块介绍

分析步模块有四个用途：定义分析步、指定输出需求、指定分析诊断、指定分析控制。

由于模拟计算的加载过程或分析历程包含单个或多个步骤，所以需要定义分析步。用户可以根据不同的载荷、边界条件、分析过程和输出要求设置多个分析步来满足加载过程的要求。在非线性分析中，一个分析步中施加的载荷被分解为许多小的增量，这样就可以按照非线性求解步骤来进行计算。

分析步模块的功能介绍如图 5.5-1 所示。

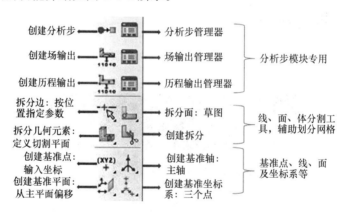

图 5.5-1　分析步模块功能介绍

5.5.2 设置分析步

首先在环境栏的模块列表中选择【分析步】功能模块，之后点击工具区的"创建分析步"（图 5.5-2），弹出【创建分析步】对话框（图 5.5-3），按照图 5.5-3 进行设置后，点击"继续"，弹出【编辑分析步】对话框（图 5.5-4），在本例中并不考虑几何非线性，所以相应的开关选为"关"，点击"确定"完成对模型分析步的定义。

在这里简单介绍一下分析步。在非线性分析中，一个分析步中施加的总载荷被分解为许多小的增量，这样就可以按照非线性求解步骤来进行计算。当提出初始增量的大小后，ABAQUS 会自动选择后继的增量大小。在每个增量步（increment）中，会有减小增量步的尝试（attempt），在每个尝试中，要进行迭代计算（iteration）。如果该次尝试中迭代收敛，则在下一个中会增大时间增量步。如果迭代无法达到收敛，则 ABAQUS 会自动减小

图 5.5-2 创建分析步按钮 　　　　图 5.5-3 创建分析步对话框

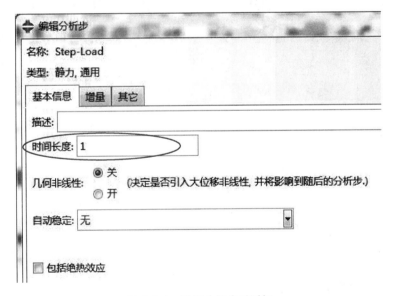

图 5.5-4 编辑分析步对话框

时间增量步,即所谓的"cutback",如果仍然不能收敛,则会继续减小时间增量步,默认的减少增步量的最大次数为 5 次,如果 5 次之后仍不能收敛则 ABAQUS 会停止分析,并报错"too many attempts made for this increment:analysis terminated"。

迭代步是在一增量步中找到平衡解的一种尝试。如果模型在迭代结束时不是处于平衡状态，ABAQUS 将进行另一轮迭代。随着每一次迭代，ABAQUS 得到的解将更接近平衡状态；有时 ABAQUS 需要进行许多次迭代才能得到一个平衡解。当平衡解得到以后一个增量步才完成，即结果只能在一个增量步的末尾才能获得。

图 5.5-5　分析步管理器按钮

点击工具区的"分析步管理器"（图 5.5-5），弹出【分析步管理器】对话框（图 5.5-6）可以查看已经存在的分析步，通常 ABAQUS/CAE 会自动创建一个初始分析步，用户可以在此分析步中设置边界条件，此外用户还需创建一个后续分析步，在后续分析步中施加荷载。

在利用 ABAQUS 进行分析时用户可以根据需要调整输出变量，包括位移、应变、应力等。点击工具区的"场输出管理器"（图 5.5-7），之后弹出【场输出请求管理器】对话框（图 5.5-8），点击"编辑"，在弹出的【编辑场输出请求】（图 5.5-9）中进行设置。若要调整输出的历史变量同样可以点击"历程输出管理器"进行设置。

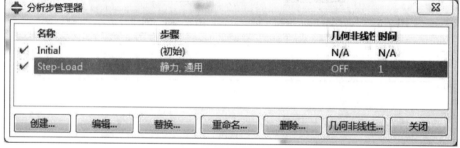

图 5.5-6　分析步管理器对话框

图 5.5-7　场输出管理器按钮　　　图 5.5-8　场输出请求管理器对话框

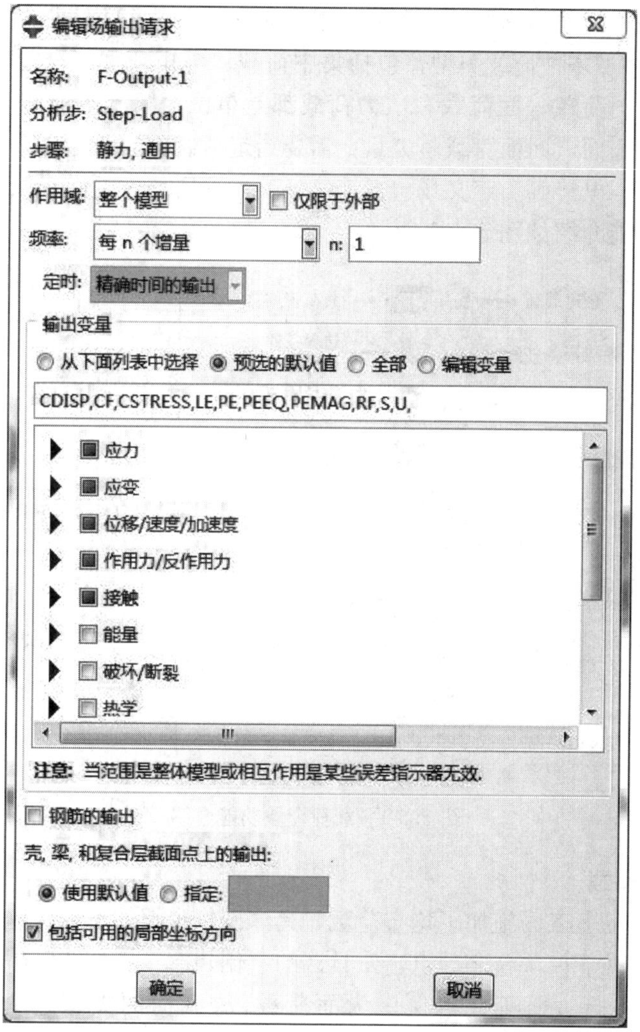

图 5.5-9 编辑场输出请求对话框

提示

场变量与历史变量的区别在于：场变量输出用于描述某个量随空间位置的变化，而历史变量用于描述某个量随时间的变化；场变量输出大量单元或节点上的计算结果，写入 odb 文件的频率低，用于生成后处理中的各个图形，比如说要看某一时刻整体的应力分布，则用场变量的数据。历史变量输出少量单元或节点上的计算结果，写入 odb 文件的频率高，用于生成 X-Y 图。历史变量允许单独输出某个独立分量。

5.6 定义荷载和边界条件

5.6.1 载荷模块介绍

载荷模块中可以定义所需要的荷载、边界条件、场变量和荷载工况信息。定义不同的荷载类型并施加到相应的结构加载位置,并根据实际的情况设置边界条件。

ABAQUS 提供了多种荷载类型,包括集中荷载、弯矩荷载、压力荷载、面荷载、体荷载、线荷载和重力荷载。面荷载和压力荷载都是单位面积上的荷载,但压力荷载是标量,方向总垂直于表面,而面荷载是矢量,需要指定荷载方向。边界条件中包括位移、速度、加速度、温度、电势等。定义场包括速度场、加速度场、温度场以及初始状态等。

载荷模块的功能介绍如图 5.6-1 所示。

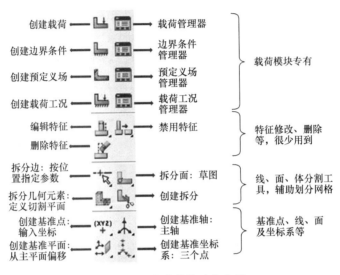

图 5.6-1　载荷模块功能介绍

5.6.2　定义荷载

本例在工字梁的上表面施加了均布荷载,具体操作步骤如下:首先在环境栏的模块列表中选择【载荷】功能模块,之后点击工具区的"创建载荷"(图 5.6-2),弹出【创建载荷】对话框(图 5.6-3),由于在本例中为面荷载,故载荷的类型选为"压强",点击"确

图 5.6-2　创建载荷按钮

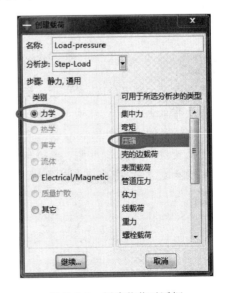

图 5.6-3　创建载荷对话框

定"。此时提示区会提示用户选择荷载的作用面，之后选择型钢上翼缘的上表面，选择完毕后点击完成，进入【编辑载荷】对话框（图 5.6-4），输入荷载的数值，并点击"确定"。编辑完毕后部件如图 5.6-5 所示。

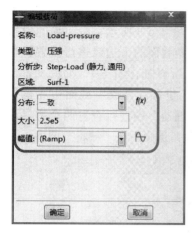

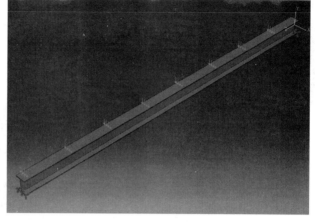

图 5.6-4 编辑荷载对话框   图 5.6-5 模型上施加的荷载

提示

在编辑荷载对话框中，有一个幅值的选项，其作用是建立加载时的规律。默认幅值Ramp 的含义是在整个分析过程中，荷载幅值是从零线性增加到预定值。

5.6.3 创建边界条件

点击工具区的【创建边界条件】（图 5.6-6），弹出【创建边界条件】对话框（图 5.6-7），按照图 5.6-7 所示设置后点击"继续"。

图 5.6-6 创建边界条件按钮   图 5.6-7 创建边界条件对话框

图 5.6-8　左边界位置

点击"继续"后，提示区提示选择边界条件施加的区域。工字梁的边界条件为简支，这里通过限制下翼缘两端截面的下边缘的位移来实现两端铰接：先选择梁的下翼缘板左边界截面的下边缘（如图 5.6-8 所示），然后钩选 U1、U2、U3、UR2、UR3 方向的位移，如图 5.6-9 所示；右边界的设置方法相同，选择下翼缘板右边界截面的下边缘进行设置边界条件，右边界可以水平滑动，所以如图 5.6-10 所示设置，选 U1、U2、UR2、UR3 方向的位移。完成对截面边界条件的定义后，可在"边界条件管理器"中进行查看两个边界设置情况（图 5.6-11），如需修改，选中后点"编辑"即可。

图 5.6-9　编辑左边界条件

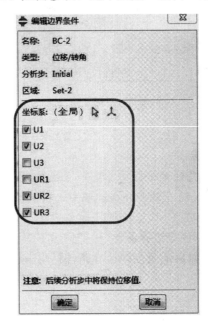

图 5.6-10　编辑右边界条件

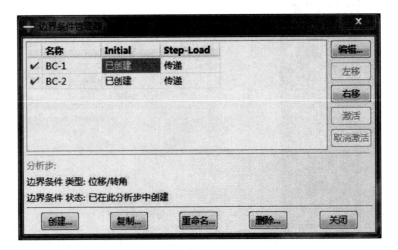

图 5.6-11　边界条件管理器对话框

本例中 U1、U2、U3 和 UR1、UR2、UR3 分别代表 x、y、z 方向上的线位移和角位移，用 1、2、3 而不用 x、y、z 是因为 ABAQUS 中还有柱坐标和球坐标表示方法。

5.7 划 分 网 格

5.7.1 网格模块介绍

有限元分析是将无限自由度问题转化为有限自由度的问题，将连续模型转化成离散模型来分析。有限元网格的划分影响到计算结果的精度和计算规模的大小。网格数量增加，计算精度会提高，但同时计算量也会增加，所以在确定网格数量时应该权衡这两个参数。

网格模块的功能介绍如图 5.7-1 所示。

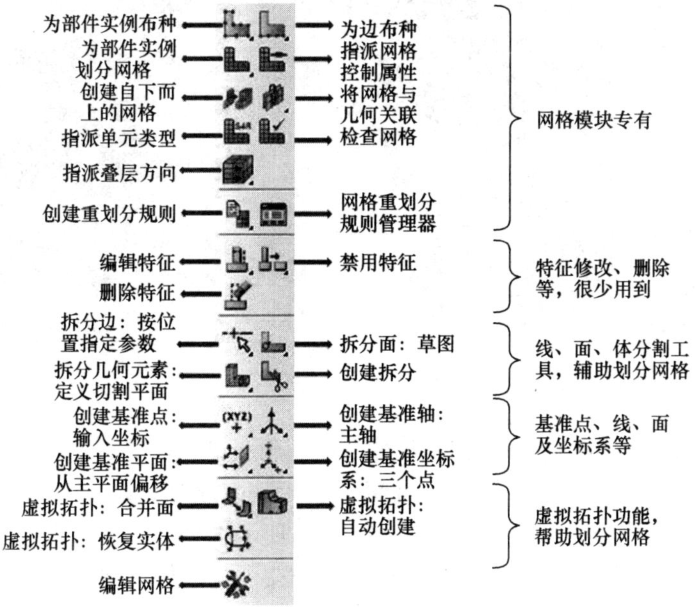

图 5.7-1 网格模块功能介绍

5.7.2 划分网格

划分网格是有限元模型的一个重要环节，网格划分技术包括：结构化网格、扫掠网格、自由网格。结构化网格技术：将一些标准的网格模式应用于一些形状简单的几何区域，采用结构化网格的区域会显示为绿色。扫掠网格技术：对于二维区域，首先在边上生成网格，然后沿着扫掠路径拉伸，得到二维网格；对于三维区域，首先在面上生成网格，然后沿扫掠路径拉伸，得到三维网格。采用扫掠网格的区域显示为黄色。自由网格划分技术：自由网格是最为灵活的网格划分技术，几乎可以用于任何几何形状。采用自由网格的区域显示为粉红色。自由网格采用三角形单元（二维模型）和四面体单元（三维模型），一般应选择带内部节点的二次单元来保证精度。

在环境栏中模块列表中选择"网格"功能模块。首先将环境栏中"对象"设为部件（图 5.7-2），此时梁变为黄色，见图 5.7-3。

图 5.7-2　选择对象为部件

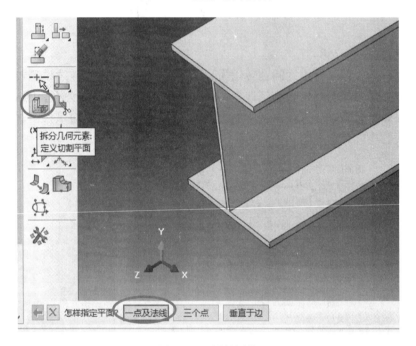

图 5.7-3　梁的拆分

为了控制网格的划分，需要对工字梁的翼缘和腹板进行拆分。点击工具区的"拆分几何元素，定义切割平面"（图 5.7-4），在提示区出现指定平面的三种方式，选择第一种"一点及法线"，选择后提示选择一点，如图 5.7-5 所示选择下翼缘和腹板的一个交点，接着会提示选择一个法线方向，如图 5.7-5 选择过此交点的腹板边缘线，选中后点击鼠标中

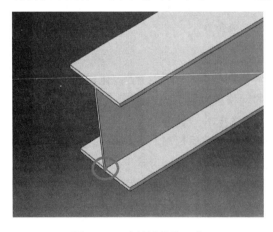

图 5.7-4　选择拆分的一点

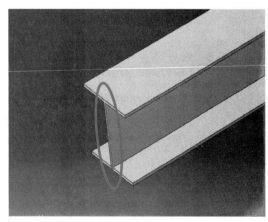

图 5.7-5　拆分的法线

键确认完成操作，此时可以看到下翼缘变为绿色。同样方法对上翼缘与腹板进行拆分，分割完成后的工字梁如图 5.7-6 所示，工字梁被拆分为上翼缘、腹板和下翼缘三部分。

部件分割完成后布置网格种子，布置网格种子的主要作用是设定网格划分的尺寸。首先点击工具区的"种子部件"（图 5.7-7），弹出【全局种子】对话框，进行如图 5.7-8 设置"近似全局尺寸"为 0.06 后点击"确定"，此时模型已经按要求布满种子，如图 5.7-9 所示。

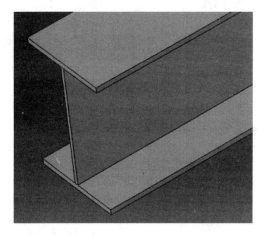

图 5.7-6　拆分完成后的部件

图 5.7-7　种子部件

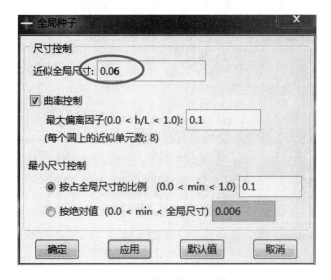

图 5.7-8　全局种子对话框

图 5.7-9　布满种子

布置种子之后就可以对部件进行网格划分，点击工具区的"为部件划分网格"（图 5.7-10），此时提示区显示"要为部件划分网格吗"，选"是"。最终划分完网格的部件模型由绿色变为青色，如图 5.7-11 所示。

在网格划分完成后需要分配单元类型，点击工具区的"指派单元类型"（图 5.7-12），此时提示区显示"选择要指定单元类型的区域"，之后在绘图区选择整个部件，如图 5.7-13 所示。点击"完成"后弹出【单元类型】对话框（图 5.7-14），保持默认选项点击

图 5.7-10　为部件划分网格按钮

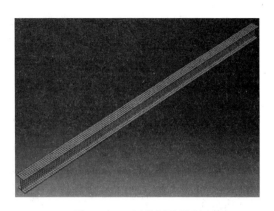

图 5.7-11　网格划分情况

图 5.7-12　指派单元类型

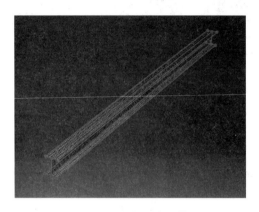

图 5.7-13　选择整个梁模型

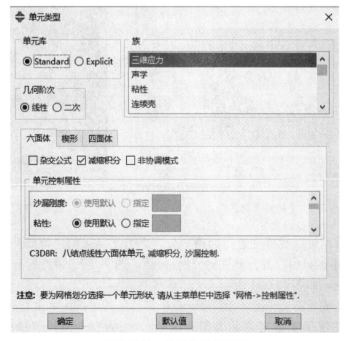

图 5.7-14　单元类型对话框

"确定"即完成单元类型的分配。值得注意的是，在单元类型对话框中显示的"C3D8R"含义为：C3D8R 是单元类型，C 表示为实体单元，"3D"表示为"三维"，"8"是这个单元所具有的节点数目，"R"指这个单元是"缩减积分单元"。在 ABAQUS 中，要想对某一特定的模型以合理的费用达到精确的结果，就需要选择合适的实体单元。如果不需要模拟非常大的应变或进行复杂的需改变接触条件的问题，则应采用二次减缩积分单元，本案例即采用此种实体单元。

ABAQUS/CAE 相对其他的有限元软件，在前处理方面有着巨大的优势，主要体现在：模型的材料属性、荷载、边界条件都可以直接定义在几何模型上，而不用必须定义在单元和节点上，故在重新划分网格时，这些参数都不需要重新定义，大大简化了重新划分网格时的流程。

💡 提示

划分网格是有限元分析中非常重要的一步，网格划分情况对最终分析结果的精度有很大影响。一般来说网格越密计算结果就越接近真实情况，但相应计算时间会变长，降低计算效率。ABAQUS 通过布置网格种子可以方便快速地控制网格密度，因此对某些重要部位（如应力集中区域、塑性变形较大的区域等）布置更多的种子，通过局部细化网格可以保证计算结果的精确，同时维持较高的计算效率。

5.8 提交分析作业

5.8.1 作业模块介绍
作业模块的功能是将定义好的部件生成作业并提交进行分析计算，用户可以提交多个模型的分析作业并监视过程和查看结果。用户可以通过监视功能查看分析计算中存在的错误和警告以及相关的计算数据，对计算模型进行问题调整。

作业模块的功能介绍如图 5.8-1 所示。

图 5.8-1 作业模块功能介绍

5.8.2 提交分析作业
在环境栏模块列表中选择【作业】功能模块进行作业的提交。首先点击工具区的"创建作业"（图 5.8-2），弹出【创建作业】对话框（图 5.8-3），点击"继续"，弹出【编辑作业】对话框（图 5.8-4），保持所有的默认参数值不变，点击"确定"完成对模型分析作业的定义。

图 5.8-2　创建作业按钮

图 5.8-3　创建作业对话框

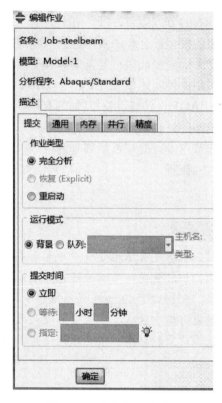

图 5.8-4　编辑作业对话框

完成分析作业的定义后，点击工具区的"作业管理器"（图 5.8-5），弹出【作业管理器】对话框（图 5.8-6），点击"提交"，此时状态显示"运行中"，待完成后点击"结果"即可查看分析结果。

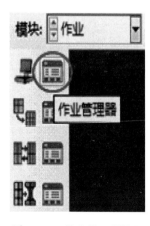

图 5.8-5　作业管理器按钮

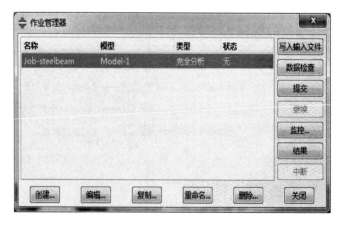

图 5.8-6　作业管理器对话框

提交作业之后，可以点击图 5.8-6 中"监控"来查看具体的计算过程和计算过程中出现的错误与警告信息，如图 5.8-7 所示。

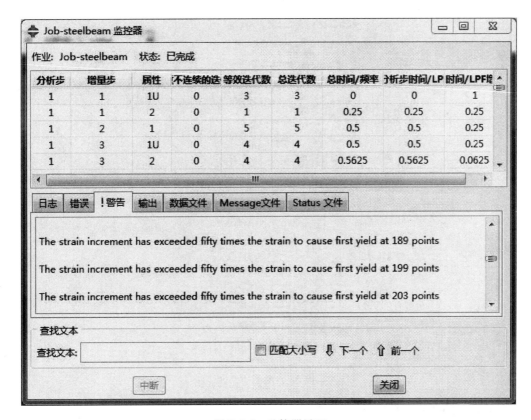

图 5.8-7　监控器界面

ABAQUS 在分析作业的时候提供了作业监控器供用户使用。作业监控器具有实时性、准确性和可读性强等优点，用户可以在监控器界面识别分析步、增量步、增量步的属性、总迭代次数、分析步时间等计算过程。值得注意的是，这里增量步属性显示为"1U"时代表此次迭代不收敛，ABAQUS 会自动调整重新进行迭代。此外，如果在提交分析后【作业管理器】对话框中"状态"显示分析失败，这说明在分析模型过程中出现了错误导致分析终止。此时用户可以查看监控器中的"错误"和"警告"信息，发现分析作业中出现的错误及警告，并分析其产生的原因，以便发现错误及时修正。但是在分析过程中存在警告并不意味着模型存在错误，所以此时需要用户细心甄别问题所在，及时做出调整。

5.9　后处理（结果可视化）

5.9.1　后处理模块介绍

后处理模块主要的功能是将模型计算的结果用图形和数据的形式显示出来，提供给用户直观的模型计算结果。用户可以在控制选项中调整输出图形的显示参数，通过点击绘制图形的按钮将图形在绘图区显示出来。此外用户可以在动画显示部分设置动态的结果显示，也可以在图表管理区域设置输出不同类型的数据曲线，并对曲线数据进行查看和编辑。

后处理模块的功能介绍如图 5.9-1 所示。

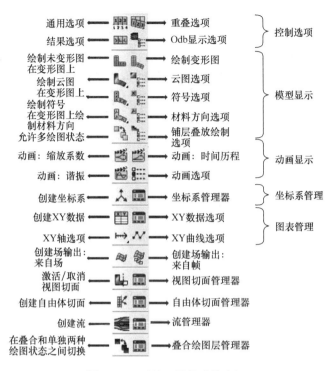

通用选项	← 🔲🔲 →	重叠选项	⎫
结果选项	← 🔲🔲 →	Odb显示选项	⎬ 控制选项
绘制未变形图	← 🔲🔲 →	绘制变形图	⎫
在变形图上 绘制云图	← 🔲🔲 →	云图选项	
在变形图上 绘制符号	← 🔲🔲 →	符号选项	⎬ 模型显示
在变形图上绘 制材料方向	← 🔲🔲 →	材料方向选项	
允许多绘图状态	← 🔲🔲 →	铺层叠放绘图 选项	⎭
动画:缩放系数	← 🔲🔲 →	动画:时间历程	⎫
动画:谐振	← 🔲🔲 →	动画选项	⎬ 动画显示
创建坐标系	← 🔲🔲 →	坐标系管理器	⎬ 坐标系管理
创建XY数据	← 🔲🔲 →	XY数据选项	⎫
XY轴选项	← 🔲🔲 →	XY曲线选项	⎬ 图表管理
创建场输出: 来自场	← 🔲🔲 →	创建场输出: 来自帧	
激活/取消 视图切面	← 🔲🔲 →	视图切面管理器	
创建自由体切面	← 🔲🔲 →	自由体切面管理器	
创建流	← 🔲🔲 →	流管理器	
在叠合和单独两种 绘图状态之间切换	← 🔲🔲 →	叠合绘图层管理器	

图 5.9-1　后处理模块功能介绍

5.9.2　绘制变形图

在环境栏列表中模块部分选择【可视化】功能模块进行后处理。若要直观地看出模型的变形情况可以选择绘制变形图，点击工具区的"绘制变形图"按钮（图 5.9-2），绘图区即会显示在分析结束时模型的变形和位移的量值水平，如图 5.9-3 所示。

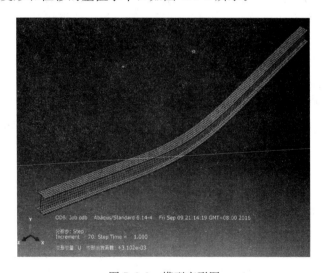

图 5.9-2　绘制变形图按钮　　　　　　　　　　　图 5.9-3　模型变形图

5.9.3　生成 Mises 应力的等值线图

若要显示应力云图，可点击工具区的【在变形图上绘制云图】（图 5.9-4），绘图区会显示出最后一个分析步结束时的应力云图,如图 5.9-5 所示。图例中显示的"S.Mises"就是 Mises 应力,它是 ABAQUS 默认选择的变量,用户也可以选择其他变量进行绘图。

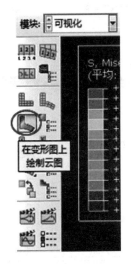

图 5.9-4　绘制云图按钮

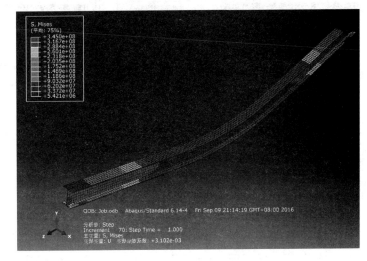

图 5.9-5　Mises 应力云图

5.9.4　坐标形式显示应力和位移随时间的变化情况

首先点击工具栏的【创建 XY 数据】按钮(图 5.9-6),弹出【创建 XY 数据】对话框,如图 5.9-7 所示。在对话框中选择"ODB 场变量输出",点击"继续",弹出【来自 ODB 场输出的 XY 数据】对话框,将"位置"列表选择为"唯一结点的",并在对话框中选中"S:应力分量"中"Mises",如图 5.9-8 所示。之后点击对话框中"单元/结点"标签(图 5.9-9),点击"编辑选择集"后在绘图区选中跨中翼缘的结点(图 5.9-10),点击鼠标中键确认,完成后点击对话框中"绘制"即可得到此结点的 Mises 应力随时间变化的关系曲线,如图 5.9-11 所示。

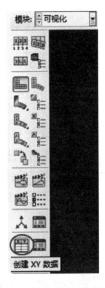

图 5.9-6　创建 XY 数据按钮

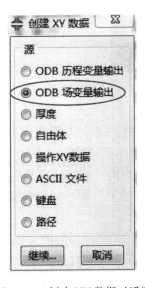

图 5.9-7　创建 XY 数据对话框

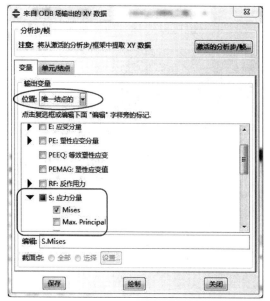

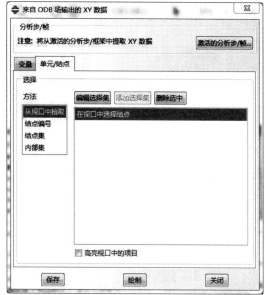

图 5.9-8　来自 ODB 场输出的 XY 数据对话框 1　　　　图 5.9-9　来自 ODB 场输出的 XY 数据对话框 2

图 5.9-10　选中结点

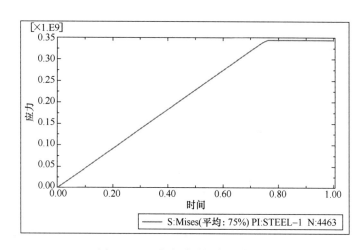

图 5.9-11　应力随时间变化曲线图

　　同样的在【来自 ODB 场输出的 XY 数据】对话框，将"位置"列表选择为"唯一结点的"，并在对话框中选中"U2"，如图 5.9-12 所示。之后点击对话框中"单元/结点"标签（图 5.9-9），点击"编辑选择集"后在绘图区选中结点，点击鼠标中键确认，完成后点击对话框中"绘制"即可得到此结点的 Y 方向挠度随时间变化的关系曲线，如图 5.9-13 所示。

　　由工字梁应力及位移随时间的变化曲线可以看出，当运算到 0.775 左右时，应力时间关系曲线进入水平段，说明此时工字梁上的点已经屈服并进入塑性阶段。结点的挠度时间关系曲线也可以大致分为三个阶段，第一阶段在弹性阶段尚未屈服，挠度增长较慢；第二阶段工字梁部分进入塑性导致截面挠度增长加快；第三阶段工字梁整个截面进入塑性导致

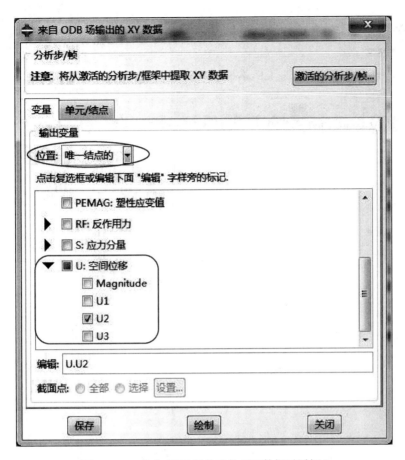

图 5.9-12　来自 ODB 场输出的 XY 数据对话框 3

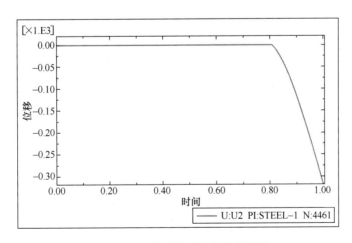

图 5.9-13　位移随时间变化曲线图

截面挠度急剧增加。

　　点击左侧工具区的【XY 数据选项】按钮，弹出【XY 数据管理器】对话框，如图 5.9-14 所示。选中工字梁挠度曲线，双击可以看到如图 5.9-15 所示的数据，用户可以将

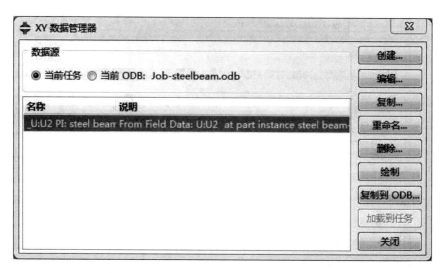

图 5.9-14　XY 数据管理器对话框

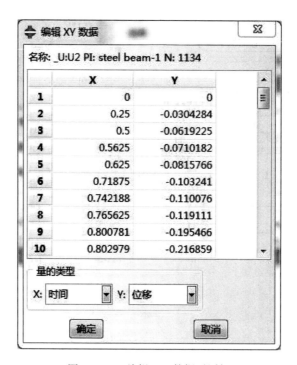

图 5.9-15　编辑 XY 数据对话框

数据复制至剪切板，利用其他后处理软件（例如 Microsoft Excel）对数据进行分析。

5.9.5　绘制最不利点的应力-应变曲线

在【来自 ODB 场输出的 XY 数据】对话框，将"位置"列表选择为"质心"，并在对话框中同时选中 PE33 和 S33，如图 5.9-16 所示。之后点击对话框中"单元/结点"标签（图 5.9-9），点击"编辑选择集"后在绘图区选中最不利点（即跨中位置），点击鼠标中键确认，之后点击对话框中"绘制"即得到最不利点应力和应变随时间变化的关系曲线，如图 5.9-17 所示。

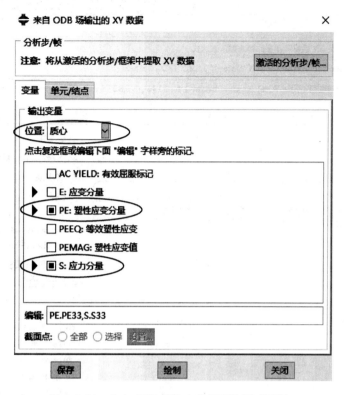

图 5.9-16　来自 ODB 场输出的 XY 数据对话框 4

　　点击工具栏中【创建 XY 数据】按钮，弹出【创建 XY 数据】对话框，在对话框中选择"操作 XY 数据"，如图 5.9-18 所示，之后点击"继续"，弹出【操作 XY 数据】对话框，如图 5.9-19 所示。在对话框右侧运操作符中选择 combine 函数，之后依次双击 XY 数据中的 PE33 和 S33，点击"绘制表达式"即可得到应力-应变关系曲线，如图 5.9-20 所示。

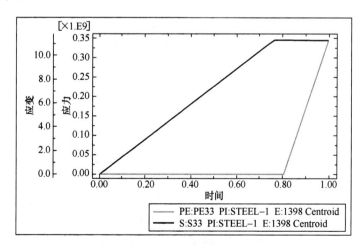

图 5.9-17　应力应变随时间变化曲线

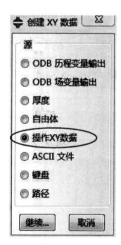

图 5.9-18　创建 XY
数据对话框

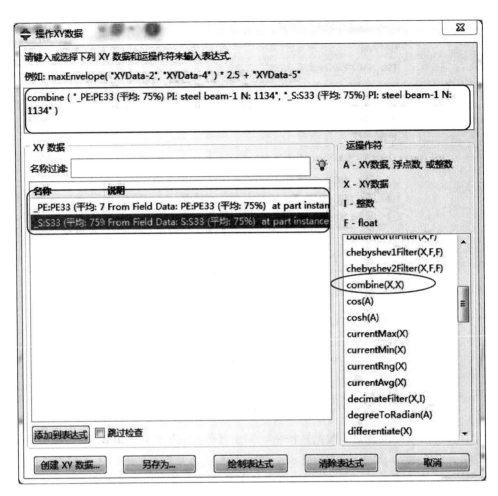

图 5.9-19　操作 XY 数据对话框

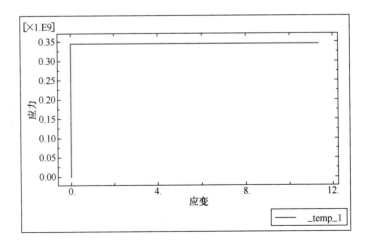

图 5.9-20　应力-应变关系曲线

在后处理阶段，当需要绘制最不利点的应力应变曲线时首先需要确定最不利点的位置。本例中工字梁为简支梁，最不利点的位置在跨中截面工字梁下翼缘边缘处，为了确定这个点的位置，用户可以点击工具栏"选项"→"通用"，弹出【通用绘图选项】对话框，并点击"标签"项，之后点击"显示结点编号"。这样用户可以找到跨中截面的结点编号，进而进行选择。若因网格划分的差异导致没有结点在跨中截面，可以在【来自 ODB 场输出的 XY 数据】对话框，将"位置"列表选择为"积分点"或者"质心"，之后通过选择跨中截面所在的单元进行分析则将不会出现问题。此外，若使用 combine（）函数时出现错误提示【X 的值不是单调的，且未定义插值】时，将"位置"列表选择为"质心"，之后通过选择跨中截面所在的单元进行分析则将不会出现此问题。

第6章　ABAQUS 软件在钢筋混凝土梁中的应用

6.1　创 建 部 件

钢筋混凝土梁模型如图 6.1-1 所示，梁两端简支，梁长 4.8m。梁截面尺寸如图 6.1-2 所示，梁截面宽 200mm、高 400mm。在梁的三等分点处进行位移加载，为防止加载时应力集中，在支座和加载处布设钢垫块，如图 6.1-1 所示，两处垫块的尺寸相同，厚度为 40mm，长度为 200mm，宽度为 200mm。钢筋混凝土梁在布置受拉纵筋、受压钢筋和箍筋，配筋详细情况见图 6.1-2，纵筋的保护层厚度 35mm，纵筋端部距梁端表面的距离为 50mm。

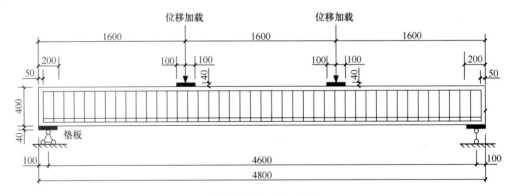

图 6.1-1　钢筋混凝土梁（单位：mm）

钢筋混凝土梁的各材料属性如下：

（1）钢筋：纵筋 HRB400，弹性模量 210GPa，泊松比 $\mu=0.3$，屈服强度为 360MPa；箍筋 HPB300，弹性模量 210GPa，泊松比 $\mu=0.3$，屈服强度为 270MPa；

（2）混凝土：等级为 C40，本构关系为混凝土损伤塑性弹性模型，弹性模量 32.5GPa，泊松比 $\mu=0.2$，抗压强度 19.1MPa，抗拉强度 1.71MPa，具体设置见下文材料属性设置；

（3）垫块：弹性模量 2100GPa，泊松比 $\mu=0.3$。

6.1.1 钢筋部件的建立

首先建立箍筋部件，点击绘图栏左侧"部件"工具区的"创建部件"按钮，弹出相应【创建部件】对话框，在名称栏对部件进行命名"Part-stirrup"，"模型空间"选择"三维"，"类型"选择"可变形"，"基本特征"的"形状"选为"线"，"类型"选择"平面"，具体设置如图（图 6.1-3）所示。点击"继续"后，需要画箍筋的几何形状。箍筋几何形状为高 0.33m、宽 0.13 的矩形，可以点击"创建线：首尾相连"（图 6.1-4(a)），在提示区依次输入（0，0）（0.13，0）（0.13，0.33），最后连接原点形成一个矩形；也可以使用"矩形"命令（图 6.1-4(b)），将一个对角点放在原点后，然后输入对角点的坐标（0.13，0.33）（图 6.1-5），即可画出箍筋的几何形状（图 6.1-6），点击"完成"可生成图 6.1-7 箍筋部件。

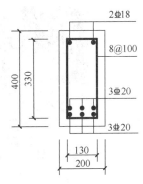

图 6.1-2　梁截面配筋图
（单位：mm）

按照相同的方法建立纵向钢筋部件，纵向钢筋包括受拉筋和受压筋，长度都为 4.7m，起点坐标为（0，0），终点坐标为（4.7，0）。受拉筋部件命名"Part-rebar-compression"，建立的部件如图 6.1-8。受压钢筋的部件命名"Part-rebar-tension"，其与图 6.1-8 相同，这里不再单独给出。

图 6.1-3　创建部件

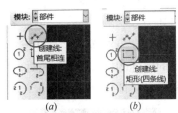

图 6.1-4　"矩形"创建的两种方法
（a）首尾相连；（b）矩形

图 6.1-5　输入坐标

图 6.1-6　箍筋的几何形状

图 6.1-7　箍筋部件

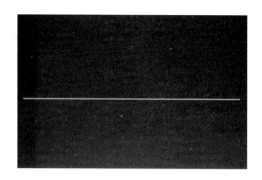

图 6.1-8　受拉筋部件

ABAQUS没有固定的量纲系统，所有的输入数据必须制定一致性的量纲系统，具体可参考表 5.1-1。

6.1.2　垫块和混凝土梁部件的建立

垫块和混凝土梁的基本特征均为"实体"，实体部件的建立方法在 5.2 节中已经有详细的介绍，这里只说明输入"截面尺寸"和"拉伸长度"：其中，垫板部件（Part-plate）的截面尺寸为 0.2m×0.2m，因此起始角点为（0，0），相对的另一角点的坐标为（0.2，0.2），拉伸长度为 0.04m。混凝土梁部件（Part-concrete）的截面尺寸为 0.2m×0.4m，起始角点的坐标为（0，0），相对应的另一角点坐标为（0.2，0.4），拉伸长度为 4.8m。垫块与混凝土梁部件分别见图 6.1-9 和图 6.1-10。

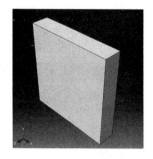

图 6.1-9　支座处垫板部件

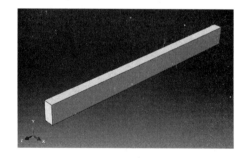

图 6.1-10　混凝土梁部件

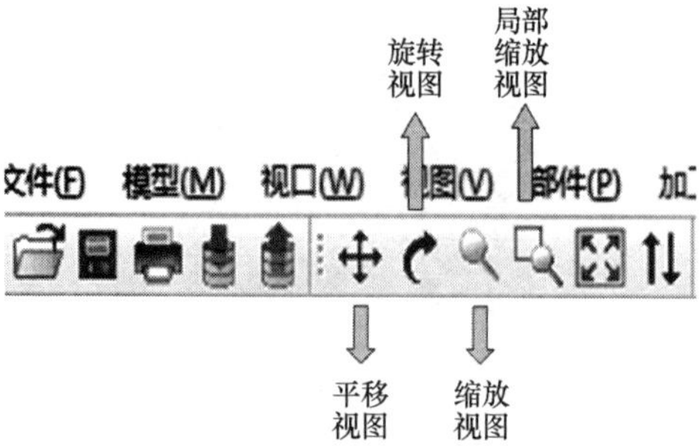

在检查和查看视图的时候，常常需要平移或者缩放等功能，如图 6.1-11 所示，在这里介绍几个处理模型视图的小技巧：

（1）同时按住 Ctrl 键 Alt 键和鼠标右键，或者点击顶部工具栏的"缩放视图"，然后拖动鼠标，就可以缩放模型；

（2）同时按住 Ctrl 键 Alt 键和鼠标中键，或者点击顶部工具栏的"平移视图"，然后拖

图 6.1-11　视图快捷按钮

动鼠标，就可以平移模型；

（3）同时按住 Ctrl 键 Alt 键和鼠标左键，或者点击顶部工具栏的"旋转视图"，然后拖动鼠标，就可以旋转模型。

6.2 创建材料和截面属性

6.2.1 创建材料属性

如前 5.3 所述，ABAQUS/CAE 不能把材料属性赋予模型，而是将材料属性定义在截面上，并通过截面完成对部件材料属性的定义。本例中，共需建立 4 种材料属性：混凝土、箍筋、纵筋（受拉筋、受压筋）、垫块，按照下列步骤分别建立各材料属性。

首先创建混凝土材料。点击工具区的"创建材料"，弹出【编辑材料】对话框（图 6.2-1），选择"通用"→"密度"，对"质量密度"进行定义，在此取混凝土容重 2500kg/m³。

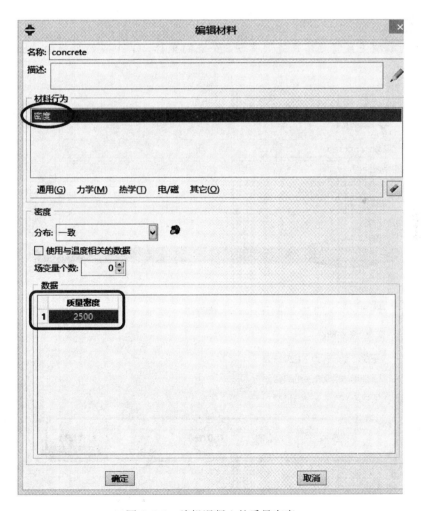

图 6.2-1 编辑混凝土的质量密度

然后对【编辑材料】对话框中"力学"的"弹性"和"塑性"的材料行为进行分别定义。"弹性"选项中"杨氏模量"为 3.25e10Pa，"泊松比"为 0.2，其他默认。"塑性"中选择"混凝土损伤塑性"，"混凝土损伤塑性"需要定义混凝土"塑性"、"受压行为"和"受拉行为"。混凝土损伤塑性模型中"塑性"的相关参数"膨胀角"、"偏心角"等如图 6.2-2 设置。"受压行为"需要输入一组本构关系的数据点，如图 6.2-3 所示设置，该数据也可以在 Excel 中建立相关表格，单击鼠标右键，选"从文件读取"输入。"受拉行为"的数据如图 6.2-4 所示设置。需要说明的是，ABAQUS 中一共有弥散裂纹模型和混凝土损伤塑性模型两种本构模型，其中后者相对于前者具有一定的优越性，可以用于单向加载、循环加载以及动态加载等场合。

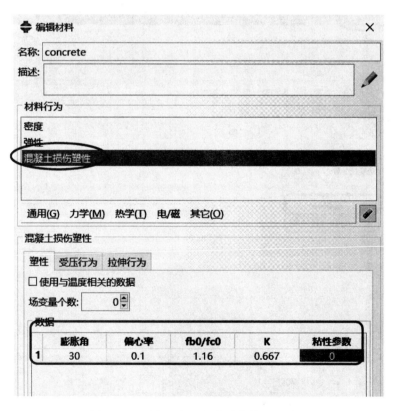

图 6.2-2　编辑混凝土的力学参数（塑性）

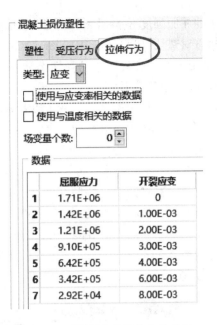

图 6.2-3 混凝土的受压本构关系   图 6.2-4 混凝土的受拉本构关系

接着对钢筋的力学性能参数进行定义，纵筋（受拉筋、受压筋）与箍筋所用钢筋等级不同，屈服强度不同，因此需要定义两种钢筋材料。箍筋的材料命名为"rebar-stirrup"，箍筋材料的定义具体如图 6.2-5～图 6.2-7 所示。受拉筋与受压筋材料命名为"rebar-compression&tension"，纵筋（受拉筋、受压筋）材料的定义方法与箍筋相同，只是"塑

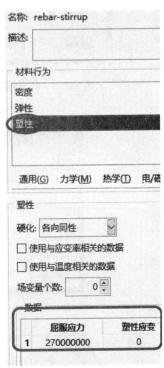

图 6.2-5 编辑钢筋质量密度   图 6.2-6 编辑钢筋力学参数   图 6.2-7 编辑钢筋塑性参数

性"中的屈服强度 3.6e8Pa，"弹性"中的弹性模量为 2.1e11Pa。

接着对垫块（命名"steel-plate"）的材料进行定义，与钢筋材料的定义类似，"密度"为 7800kg/m³，"弹性"中的弹性模量为 2.1e12 Pa，此外不需定义"塑性"参数。

6.2.2 创建截面

在定义完材料属性之后，就可以对各材料的截面进行定义，混凝土（截面命名"Section-concrete"）和垫块（截面命名"Section-plate"）的实体截面建立方式在 5.3 节已经详细描述过，在此仅对受拉筋、受压筋、箍筋线截面的建立进行介绍。

先对箍筋（截面命名"Section-stirrup"）进行设置，点击工具区的"创建截面"，弹出【创建截面】对话框，按照图 6.2-8 设置后，点击"继续"，弹出【编辑材料】对话框（图 6.2-9），选择材料"rebar-stirrup"，截面为 5.024e-5m²。受拉筋（Section-rebar-tension）和受压筋（Section-rebar-compression）的截面创建方法相同，两者的"横截面面积"分别为 3.14e-4m² 和 2.5434e-4m²。创建好的 5 种截面可在"材料管理器"中查看，如图 6.2-10 所示。

图 6.2-8 创建截面

图 6.2-9 编辑截面

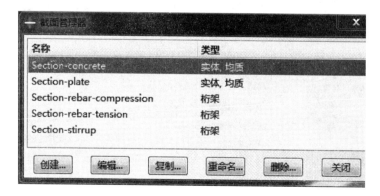

图 6.2-10 截面管理器

6.2.3 指派截面

建立好截面后，即可按照与 5.3 节方法对混凝土、垫板、箍筋、受拉筋、受压筋进行一一指派截面，这里不再赘述。

6.3 定义装配件

6.3.1 创建实例

每一个部件都建立在自己独立的坐标系中，为了将各个部件统一放在一个整体坐标系中，需要通过将每个部件生成实例（Instance），实例（Instance）实际相当于部件在整体坐标系中的映射，通过对实例的"平移"、"阵列"、"旋转"等命令来完成整体模型的装配。每一个 ABAQUS 模型只能包含一个装配件。

此模型一共有混凝土、垫板、箍筋、受拉筋、受压筋五种部件，按照图 6.3-1，"实例类型"选择"独立（网格在实例上）"，依次将 5 个部件创建为实例，创建的实例如图 6.3-2 所示。在创建完实例后，需要对各个实例进行"旋转"，"平移"等命令操作就可以完成整体结构的装配。但由于各个实例之间在空间上存在重叠，在选定和操作某个实例时会遇到困难，ABAQUS 提供了选择性显示的窗口，可以有选择性的暂时显示或不显示某些实例，有三种方法可以实现。

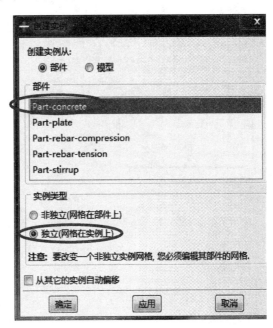

图 6.3-1　创建实例

第一种方法，当实例个数较多而需隐藏某一个实例时，点击模型树中的"装配"，点开"实例"，在需要隐藏的实例名称上右击，弹出相应菜单，可以对实例进行"隐藏"等命令的操作（图 6.3-3）。

图 6.3-2　生成的实例

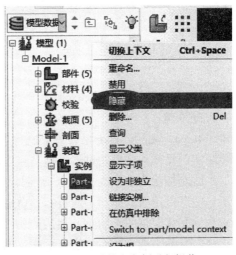

图 6.3-3　对某个实例进行操作

第二种方法可以点击菜单栏的"视图"，选择最后一项"装配件显示选项"，弹出相应对话框（图 6.3-4），可以选择需要显示和隐藏的实例。

第三种方法是点击图 6.3-5 工具栏中的"创建显示组"，弹出【创建显示组】对话框（图 6.3-6），在"选项"设置要选择的内容，然后在对话框的 boolean 操作区（图 6.3-6 下方）进行"替换"和"添加"等操作。

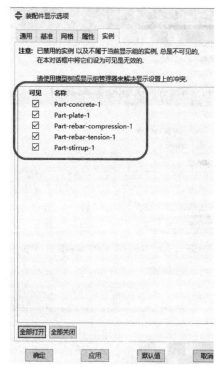

图 6.3-4　装配件显示选项

图 6.3-5　创建显示组

图 6.3-6　"创建显示组"对话框

6.3.2　装配混凝土梁和垫块

通过图 6.3-6 创建显示组的方法仅显示混凝土梁实例（Part-concrete）和垫块实例（Part-plate），先对混凝土梁和垫块进行装配。混凝土梁实例位置不需要改变，因此仅需对垫块实例操作，这里通过"平移"和"旋转"、"阵列"等命令进行装配。

先以左加载处垫板为例，点击工具区中的"平移实例"，选择垫块实例，如图 6.3-7 所示，按照提示区的提示，通过鼠标先选择垫板右下角（图 6.3-7 中"起始点"的标记处）作为平移向量的起始点，然后点击梁的外平面左上角（图 6.3-7 中"终点"标记处）为平移向量的终点，从而将垫板平移到图 6.3-8 的位置。

终点
起始点

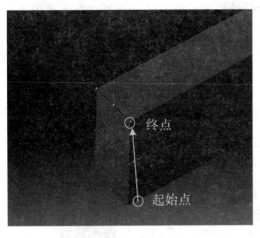

图 6.3-7　需要移动的垫板

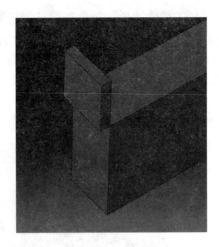

图 6.3-8　平移垫板

然后点击工具区中的“旋转实例”（图 6.3-9），选择垫块，提示区提示输入“旋转轴”，按照提示通过鼠标依次选择垫板与混凝土梁相交的两个端点（如图 6.3-10 的标记轴），选择好旋转轴后，按照提示输入转动角度 90°，垫板会按照要求发生旋转，如图 6.3-11 所示。若达到理想的位置即可点击确定，否则点击取消，重新选择旋转轴和重新输入旋转角度后重试。

旋转实例

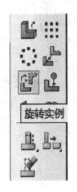

图 6.3-9　旋转实例

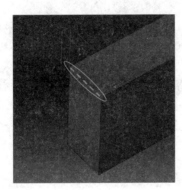

图 6.3-10　旋转轴的位置

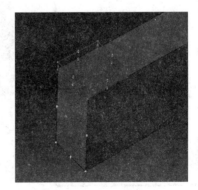

图 6.3-11　转后的垫块

旋转完成后，需要将垫板移至梁的三等分点处，点击工具区中的“平移实例”，选中垫块，输入起始坐标（图 6.3-12）和终点坐标（图 6.3-13），将垫板平移到左侧梁长的三等分处，左垫板如图 6.3-14 所示。

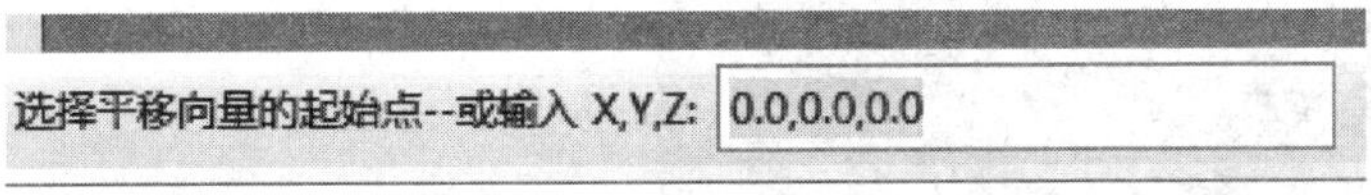

选择平移向量的起始点--或输入 X,Y,Z:
0.0,0.0,0.0

图 6.3-12　输入平移向量的起始点

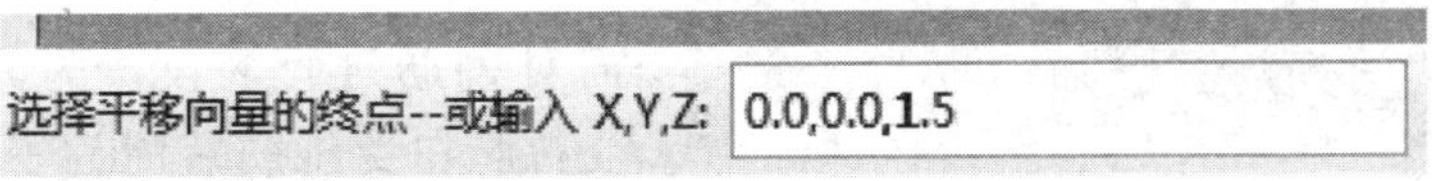

选择平移向量的终点--或输入 X,Y,Z:
0.0,0.0,1.5

图 6.3-13　输入平移向量的终点

采用"线性阵列"命令在梁右侧三等分处生成另外一个加载处垫板。点击工具区的"线性阵列",选择垫块,则弹出【线性阵列】对话框(图6.3-15),首先在图6.3-16中的"方向1"中输入个数为2和偏移距离为1.6,然后点击"方向",选择梁的长度方向作为阵列的方向,如果阵列垫块的方向相反,则点击后面"调转方向"的按钮;由于垫块只在一个方向上偏移,故第二个方向的数目输入"1"或"0",即不偏移,具体如图6.3-16所示,然后点击"确定"即可生成对应位置的另一块垫板(图6.3-17)。

图6.3-14 放到三等分点处的加载垫板

图6.3-15 线性阵列命令

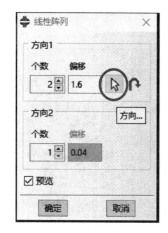

图6.3-16 线性阵列对话框

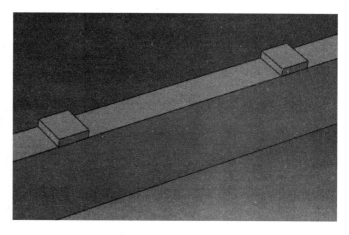

图6.3-17 使用线性阵列生成另一块加载垫板

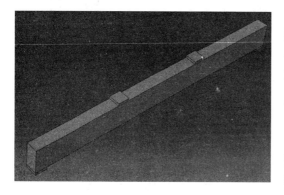

图6.3-18 混凝土与垫板的装配图

通过对加载处垫块实例进行"线性阵列"和"平移"的方法,可生成支座位置的垫块,由于操作比较容易,这里不再赘述,装配好的混凝土梁和4个垫块见图6.3-18。

6.3.3 装配钢筋

在将混凝土梁和垫板装配完毕之后,需对钢筋进行装配,为方便,将箍筋、受拉筋和受压筋装配为一个钢筋笼,然后将其放到混凝土梁中的指定位置中去。

利用创建显示组方法仅显示箍筋、受压筋和受拉筋。首先对箍筋实例进行旋转，按照图 6.3-19 的标记作为旋转轴，旋转 90°后得到图 6.3-20。利用创建显示组方法仅显示箍筋、受压筋，将受压筋平移到箍筋的右上方，如图 6.3-21 所示。

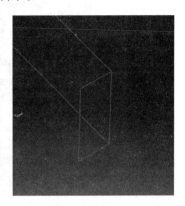

图 6.3-19　箍筋的旋转轴　　　图 6.3-20　旋转后的箍筋　　　图 6.3-21　平移受压钢筋

接下来用"线性阵列"依次生成其余的受拉筋（详细设置见图 6.3-22）、受压筋（详细设置见图 6.3-23）和箍筋（详细设置见图 6.3-24），这里注意阵列方向的选取，生成的钢筋笼，如图 6.3-25 所示。箍筋、受拉筋、受压筋线性阵列的相关参数如下：

（1）受拉筋的阵列中，第一个方向个数为 3，偏移距离均为 0.065m，第二个方向上的阵列个数填 2，偏移距离均为 0.025m，如图 6.3-22 所示；

（2）受压筋的阵列中，第一个方向的个数为 2，偏移距离均为 0.13m，第二个方向上的阵列个数填 0，如图 6.3-23 所示；

（3）箍筋的阵列中，第一个方向的个数为 48，偏移距离为 0.1m，第二个方向上的阵列个数填 0，如图 6.3-24 所示。

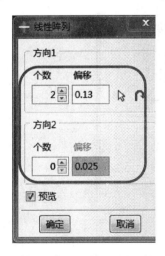

图 6.3-22　阵列生成受拉筋　　　图 6.3-23　阵列生成受压筋　　　图 6.3-24　阵列生成箍筋

钢筋装配完毕之后，为了方便对钢筋的操作和定义钢筋与混凝土之间的接触关系，可以将所有的钢筋合并为一个整体"钢筋笼"。点击工具区的"合并/切割实例"（图

图 6.3-25 装配好的钢筋笼

6.3-26),弹出【合并/切割实例】对话框（图 6.3-27），将部件名命名为"Part-rebar-cage",点击"继续"，提示区提示选择合并的实例，选择所有的钢筋（受拉纵筋、受压纵筋和箍筋），即完成了实例的合并。

图 6.3-26 合并/切割实例

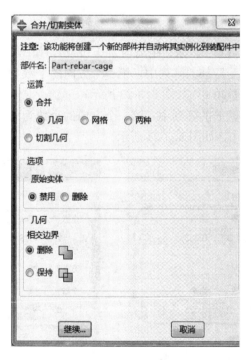

图 6.3-27 合并/切割实例对话框

　　完成了钢筋笼的合并之后，钢筋笼和混凝土的相对位置如图 6.3-28 所示，需要将钢筋笼放置在混凝土梁内部正确的位置。首先利用旋转命令，选择图 6.3-29 标记的旋转轴将钢筋笼旋转 90°，得到图 6.3-30。然后利用平移命令平移钢筋笼，平移的起始点输入（0，0，0），终点输入（0.035，0.035，0.05），则得到装配完毕的钢筋笼（图 6.3-31）。

图 6.3-28　钢筋笼和混凝土的相对位置

图 6.3-29　钢筋笼的旋转轴线

图 6.3-30　旋转后的钢筋笼

图 6.3-31　移动到正确位置的钢筋笼

提示

　　将所用的钢筋合并为一个整体之后，原来的实例已经失效，之后所有针对钢筋的命令都是对钢筋笼这个实例进行操作的。

6.3.4 创建拆分

在装配完模型之后，为了准确定义四块垫板与混凝土梁之间的耦合关系，需要将混凝土表面进行分割。

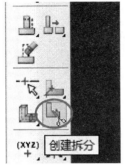

图 6.3-32 创建拆分

先以左支座垫板处为例，点击工具区的"创建拆分"（图 6.3-32），弹出【创建分区】对话框（图 6.3-33），"类型"选"面"，"方法"选择"使用两点间的最短路径"，然后提示区会提示选择需分割的对象，如图 6.3-34 选择混凝土的下表面，此时提示区提示选择分割的方式，这里选择"逐个"，接着提示区会提示选择"起始点"和"终点"，按照图 6.3-34 中标记的位置依次选择这两点，然后点击"创建分区"即可实现对截面的拆分。

利用相同的方法，分别对混凝土梁的上下表面与垫板边界的交线位置进行以此分割，分割后的梁表面见图 6.3-35，上表面被分为 5 部分，下表面被分为 3 部分。

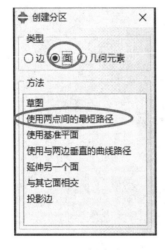

图 6.3-33 创建分区 1

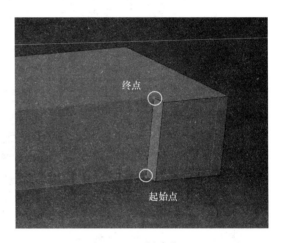

图 6.3-34 创建分区 2

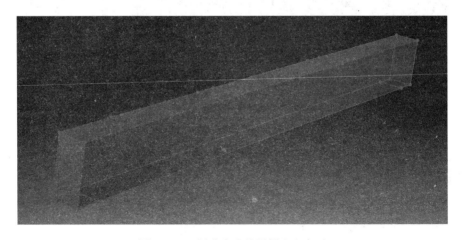

图 6.3-35 拆分完成的混凝土上表面

在支座垫板处，为了方便将铰接的边界条件施加在垫板的中线上，也需要把支座处垫板的底平面进行拆分，利用相同方法对两块垫板底面进行分割，其中一块的分割情况见图6.3-36。

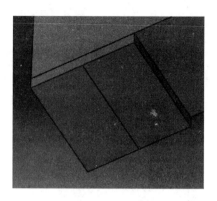

图 6.3-36　拆分支座处垫板底面

6.4　设置分析步

装配好实例后，需要创建分析步。点击工具区的"创建分析步"（图 6.4-1），弹出【创建分区步】对话框（图 6.4-2），按照图 6.4-2 的设定后点击"继续"，弹出【编辑分析步】对话框。

在【编辑分析步】对话框中，对"基本信息"和"增量"进行如图 6.4-3 和图6.4-4设定后，点击"确定"。

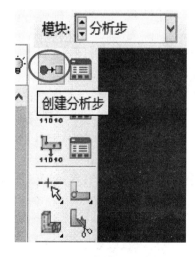

图 6.4-1　创建分析步 1

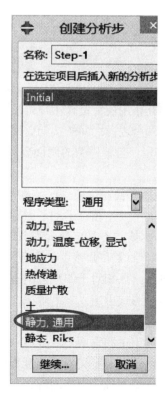

图 6.4-2　创建分析步 2

图 6.4-3　编辑分析步的基本信息　　　　图 6.4-4　编辑分析步的增量

💡 提示

在这里介绍一下图 6.4-3 中的"时间长度",也就是分析步的时间,由于本例中采取的是逐渐加载的方式,可以理解成一共加载了多少步,关于这个参数在定义幅值的时候会继续介绍。

6.5　相　互　作　用

在相互作用模块里,用户可以指定某几个区域之间在热学或力学上的相互作用,最常见的就是两个表面之间的接触关系。常见的相互作用都有:

1. 绑定:是将模型的两部分区域绑定在一起,二者之间不发生相对运动,相当于焊在一起。

2. 刚体:使一个模型区域刚体化,这个区域可以是一系列节点、单元等,刚体域内节点、单元不发生相对运动,跟随指定的参考点发生刚体位移。

3. 显示体:不参与分析,不划分网格。和刚体约束一样,可整体发生刚性位移。

4. 耦合约束和调整点:配合使用,可分为运动耦合和分布耦合,运动耦合指约束区域内的耦合节点相对于调整点的刚体运动;分布耦合主要是通过控制点给约束区域内的耦合节点传递力或力矩。

5. 内置区域:可以在某一"主体单元"定义单个的或者成组的"嵌入单元",可以用来模拟混凝土中的钢筋。

在本例中需要定义以下相互作用:

● 钢筋笼与混凝土之间的相互作用,选择"内置区域"进行设置。

● 垫板(共四块)与混凝土梁之间的相互作用,在本例中需要定义为"绑定",即将两个区域绑定在一起，使两者不能发生相对运动。

●由于本例中加载方式为在三等分点处施加位移荷载，为了实现这种加载方式，建立两个参考点，然后建立参考点与加载垫板之间的相互作用，在本例中选择"耦合约束"中的"运动耦合"，即耦合区域内的节点相对于参考点做相应的刚体运动，从而实现了位移加载方式。

6.5.1　钢筋笼与混凝土的相互作用

ABAQUS 中有两种方法模拟钢筋混凝土中钢筋与混凝土的约束关系：

1. 内置单元法。在部件里面建好纵筋和箍筋的钢筋笼，在属性中分别赋予截面和属性，在相互作用中的内置区域把钢筋笼内置到混凝土的实例中去（也可通过 CAD 导入钢筋骨架内置到混凝土中）。

2. Rebar layer 法。在部件里面画一个面，然后在属性里创建一个表面作为 Rebar layer，把这个表面的属性赋给前面部件里所画的那个面，然后在相互作用中把钢筋层内置到混凝土中去。

本例选择第一种内置单元法设置钢筋与混凝土的约束关系。点击"相互作用"工具区的"创建约束"（如图 6.5-1），弹出【创建约束】对话框（图 6.5-2），将约束命名为"Constraint-embedded"，选择"内置区域"，点击"继续"。此时提示区显示"选择嵌入区域"（图 6.5-3），选择整个钢筋笼，点击"完成"后，提示区显示"主区域的选择方法"（图 6.5-4），点击"整个模型"，弹出图 6.5-5【编辑约束】对话框，保持默认设置，点击"确定"即完成了该约束的编辑，图 6.5-6 为内置的钢筋笼。

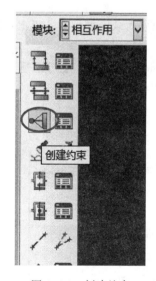

图 6.5-1　创建约束

图 6.5-2　创建约束对话框

图 6.5-3　选择嵌入区域

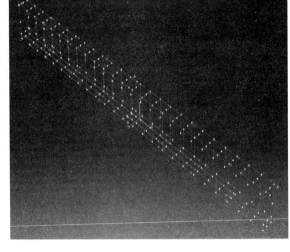

图 6.5-4　选择主区域

图 6.5-5　编辑约束

图 6.5-6　内置的钢筋笼

6.5.2　加载点与垫块的相互作用

为了方便加载，在垫块上正上方建立参考点，将位移荷载施加到参考点上，通过建立参考点与垫板之间的耦合作用实现对梁的加载。

点击菜单栏的"工具"菜单，点击"基准"（图 6.5-7），弹出【创建基准】对话框（图 6.5-8），"类型"选择"点"，"方法"选择"从点偏移"。

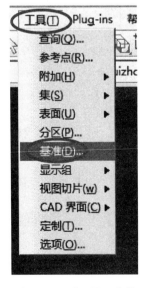

图 6.5-7　"工具"菜单

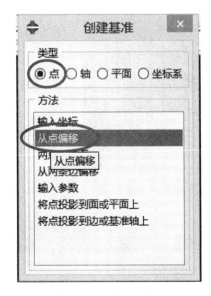

图 6.5-8　创建基准点

如图 6.5-9 选择垫板的一个角点，接下来要输入从该点偏移的距离，注意看左下角的笛卡尔坐标系的方向，各个方向上需偏移的距离为 $X=-0.1m$，$Y=0.00m$，$Z=-0.1m$（图6.5-10），最终成功在垫板表面上建立一个基准点（图6.5-11）。

点击菜单栏的"工具"菜单，点击"参考点"（图6.5-12），选择刚刚建立的基准点，即在垫板上方成功建立了一个参考点（Reference Point）（图6.5-13）。然后用同样的方法在另一块垫板表面上建立一个参考点。

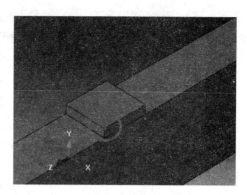

图 6.5-9　选择偏移点

图 6.5-10　输入偏移距离

图 6.5-11　建立的基准点

在这里需要说明一下，参考点可以建立在垫板正上方的任何位置的，但是为了方便在后处理时提取加载点处的反力，将参考点也就是位移加载点设置到垫板的上表面上。

在建立好参考点之后，接下来就要建立参考点与垫板上表面的相互作用。点击工具区的"创建约束"，弹出【创建约束】对话框（图6.5-14），选择"耦合的"。此时提示区提示"选择约束控制点"（图6.5-15），选择参考点后，提示区提示"选择约束类型区域"

图 6.5-12　"工具"菜单

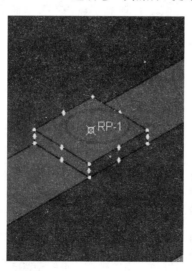

图 6.5-13　建立的参考点

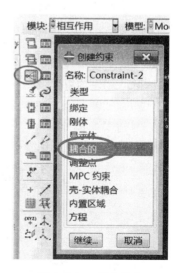

图 6.5-14　创建约束

（图 6.5-16），选择"表面"，然后选择垫板的顶面。选择约束区域后，弹出【编辑约束】对话框（图 6.5 -17），注意选择的耦合类型为"运动耦合"，运动耦合即垫板相对于参考点做刚体运动。

用同样的方法对另一块垫板和参考点（加载点）进行相同的设定，设定完毕后的情况如图 6.5-18 所示。

图 6.5-15　选择约束控制点

图 6.5-16　选择约束区域类型

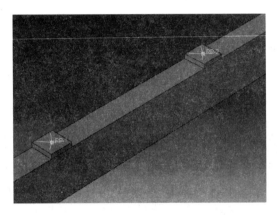

图 6.5-17　编辑约束　　　　图 6.5-18　编辑好约束的参考点

6.5.3　垫块与混凝土的相互作用

定义完上述两种相互作用后，接下来需要定义垫板与混凝土梁之间的接触关系，点击工具区的"创建约束"（图 6.5-19），弹出【创建约束】对话框（图 6.5-20），选择"绑定"（图 6.5-20），点击"继续"。

图 6.5-19　创建约束　　　　图 6.5-20　创建约束对话框

此时提示区提示"选择主表面类型"（图 6.5-21）。选择"表面"，完毕后提示区提示"为主表面选择区域"（图 6.5-22），选择垫板的下表面，然后点击"完成"。

图 6.5-21　选择主表面

在这里要说明一下主从表面选择的一般原则，首先应该选择刚度较大的面作为主面，这里所说的"刚度"，除了材料影响之外，还要考虑结构的刚度。若两个面的刚度相似，则选择网格较粗的面作为主面。

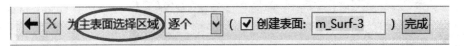

图 6.5-22　为主表面选择区域

接着提示区提示"为从表面选择区域"（图 6.5-23），选择梁顶面处与垫板接触的部分，由于在装配时已经对梁的上表面做了对应的切割，故只需选择对应的区域即可（图 6.5-24）。

图 6.5-23　为从表面选择区

选择完毕之后，弹出【编辑约束】对话框，进行图 6.5-25 的设定后，点击"确定"，即完成了垫板与梁之间相互作用的定义。用同样的方法对其余三块垫板与梁间的相互作用进行定义。图 6.5-26 为垫块与混凝土的绑定情况。

图 6.5-24　选择从表面

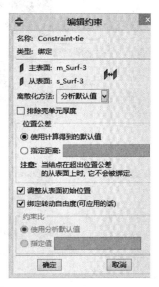

图 6.5-25　编辑约束

将所有的约束定义完之后，点击右侧的模型树中的"约束"查看已经建立的七个约束。其中 Constraint-2 和 Constraint-3 为参考点与垫板之间的运动耦合；Constraint-embeded 为钢筋笼的内置约束；最后四个为垫板与混凝土梁间的绑定约束。

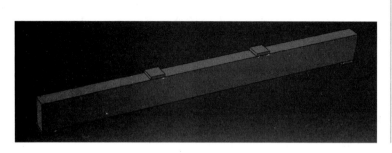

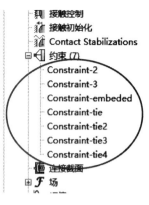

图 6.5-26　垫块与混凝土的绑定　　　　　　图 6.5-27　查看约束

6.6　定义边界和荷载条件

6.6.1　定义边界条件

接下来设置边界条件，支座类型为两端铰支。在"荷载"工具区的点击"创建边界条件"（图 6.6-1），弹出【创建边界条件】对话框（图 6.6-2），在"可用于所选分析步的类型"中选择"位移/转角"，点击"继续"。

图 6.6-1　创建边界条件　　　　　图 6.6-2　创建边界条件对话框

选中左侧垫板底面的中线（图 6.6-3），在弹出的【编辑边界条件中】（图 6.6-4），由于是支座为铰支座，仅能在 UR1 方向上（绕 X 轴转动）转动，其余的位移均被约束，如

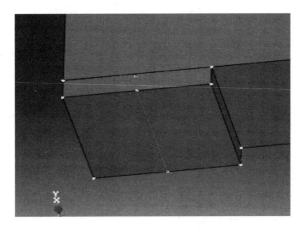

图 6.6-3　选择垫板下表面的中线

图 6.6-4 设置后点击确定后，则成功地施加了约束。用同样的方法对右侧垫板底面中线设置支座，边界条件按照图 6.6-5 的设定，即除了能在 UR1 方向上转动之外，还能在 U3 方向上平动，相当于可滑动铰支座。设置好的左右边界见图 6.6-6 和图 6.6-7。

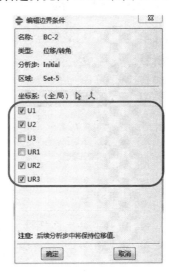

図 6.6-4　编辑左边界条件　　　　図 6.6-5　编辑右边界条件

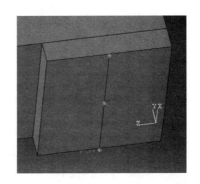

图 6.6-6　左边界条件　　　　图 6.6-7　右边界条件

6.6.2 定义荷载

设定完边界条件之后，接着对结构施加位移荷载。首先建立一个位移加载幅值的数据表。从主菜单栏选择"工具"→"幅值"→"创建"(图 6.6-8)，定义一个表(图 6.6-9)，取名为"Amp-load"，点击"继续"会提示输入"幅值数值"，按照图 6.6-10 进行输入"时间/频率"和"幅值"对应的向量，"时间/频率"为[0，1，2，…，500]，"幅值"为[0，0.02，0.04，…，10]，一共 500 个数据。用户可以在 Excel 中编辑好数据，之后复制粘贴到图 6.6-10 中。

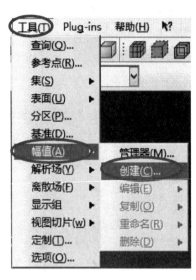

图 6.6-8 "工具"菜单

图 6.6-9 创建幅值

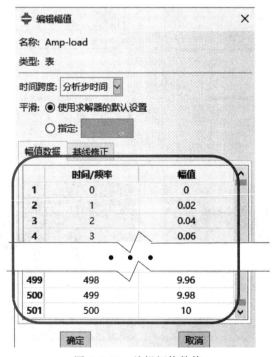

图 6.6-10 编辑幅值数值

创建好表格之后，对参考点进行加载设置。点击"创建边界条件"，类型选择"位移/转角"后点继续，提示"选择要施加边界条件的区域"，用鼠标选择其中一个参考点，会弹出图 6.6-11【编辑边界条件】对话框，本例为竖向加载，所以钩选 U2 进行设置，数值填—0.002，"幅值"选择上述建立的"Amp-load"，此设置表示幅值 Amp-load 的向量数据乘以—0.002 施加到实例上。用同样的方法对另一参考点进行加载。加载后的情况见图 6.6-12。

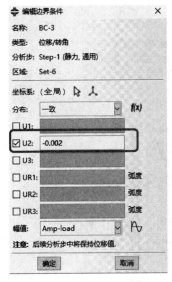

图 6.6-11　编辑边界条件

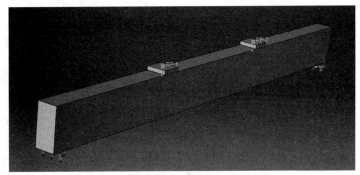

图 6.6-12　加载后的模型

💡 提示

　　幅值曲线的含义是，在整个分析步中，幅值由零增长至给定值的方式，可以为直线，也可以为曲线，常用的为直线加载。幅值的含义为荷载大小的放大倍数。例如，如果设置分析步的时间为 1，幅值的大小是 10，则当分析步的时间为 0 时，幅值为 0；分析步的时间是 1 时，幅值为 10。在本例中，分析步的时间为 500，加载方式为线性递增，幅值数据的最后幅值为 10，加载的位移边界条件中输入的值为—0.002，那么最终加载的位移值也就是 $10×(—0.002)=—0.02m$，通过 500 步线性加载实现。

6.7　划　分　网　格

　　在划分网格之前，首先将"网格"工具区的"对象"选择"装配"，如图 6.7-1 所示。此时的钢筋笼实例为非独立实例，用户需要将其设为独立实例，否则划分网格时会提示"无法对非独立实例进行网格属性编辑或指派"的错误（如图 6.7-2 所示）。在模型树中将钢筋笼实例"Part-rebar-cage-1"设为独立（图 6.7-3），设置独立后钢筋笼会显示为淡粉色。此时由于杆单元默认为 beam 单元，还要将钢筋单元的类型改为"桁架"。首先选定钢筋笼（图 6.7-4），然后点击工具区的"指派单元类型"（图 6.7-5），弹出【单元类型】

对话框（图 6.7-6），将其单元类型中的"族"改为"桁架"，点击"确定"。

图 6.7-1　将对象改为"装配"

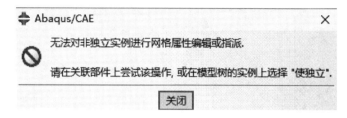

图 6.7-2　错误提醒

图 6.7-3　将钢筋笼设为独立实例

图 6.7-4　选中的钢筋笼

图 6.7-5　指派单元类型

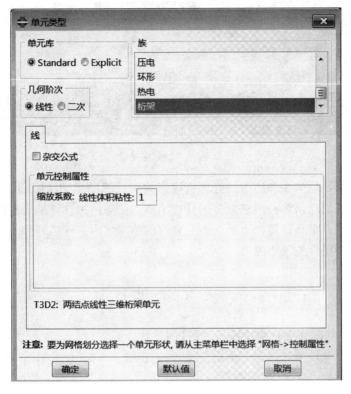

图 6.7-6 单元类型

之后用户要对实例布置网格种子，布置网格种子的主要作用是设定网格划分的尺寸。点击"为部件实例布种"（图 6.7-7），选择所有整体模型，弹出【全局种子】对话框（图 6.7-8），如图 6.7-8 进行设置后点击"确定"，此时模型已经按要求布满种子。

布置完种子之后就可以对部件进行网格划分，点击工具区的"为部件划分网格"（图 6.7-9），此时提示区显示"要为部件划分网格吗"，选"是"。最终划分完网格的部件模型由绿色变为青色，如图 6.7-10 所示。

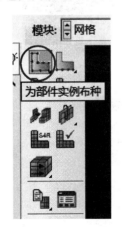 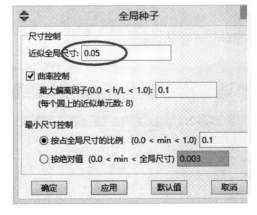

图 6.7-7 为部件实例布种   图 6.7-8 全局种子   图 6.7-9 划分网格 1

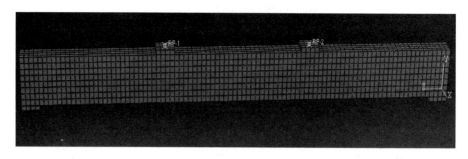

图 6.7-10　划分网格 2

　　有限元网格数量的多少和质量的好坏直接影响到计算结果的精度和计算规模的大小。实际应用时可以比较疏密两种网格划分的计算结果，如果两种计算结果相差较大，对相对粗糙网格继续加密，重新计算，直到误差在允许的范围之内。网格划分的过于粗糙和过于细化都会造成模型最终结果不收敛。

6.8　提交分析作业

　　点击图 6.8-1 创建作业，弹出图 6.8-2【创建作业】对话框，作业名称为"reinforcedbeam"，其他保持默认设置，点击"确定"。然后点击图 6.8-3"作业管理器"，弹出图 6.8-4【作业管理器】对话框，点击"检查数据"，提示无误后，点击"提交"，程序开始计算。

图 6.8-1　创建作业　　　　　图 6.8-2　创建作业对话框　　　　　图 6.8-3　作业管理器

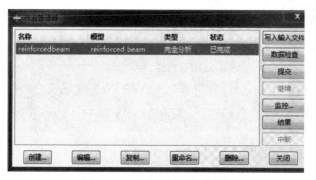

图 6.8-4　作业管理器对话框

提交作业之后,可点击图 6.8-4 中"监控",可以查看和监控计算过程(图 6.8-5)。

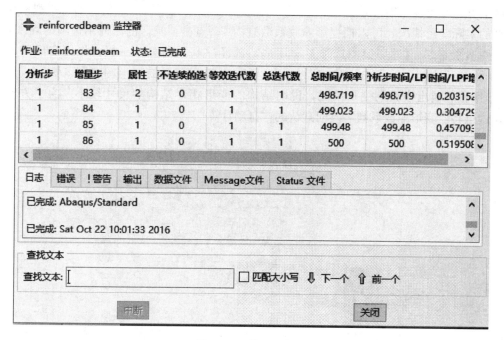

图 6.8-5　作业监控器

💡 **提示**

程序中的错误会导致程序终止,可根据图 6.8-5 监控器中查看错误,根据错误提示寻找原因,改正后重新提交作业。

6.9　后　处　理

6.9.1　绘制变形图

作业分析完毕之后,点击"可视化"模块中的"绘制变形图"(图 6.9-1),可以检查梁的变形情况(图 6.9-2)。

图 6.9-1　绘制变形图

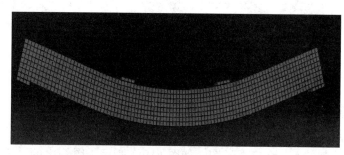

图 6.9-2　梁变形图

为了方便用户观察结构变形的形状，绘出的变形图往往对模型变形进行了缩放，在绘图区下方可看出变形缩放系数为 20.13，即比实际位移放大了 20.13 倍。如果想观察结构模型的实际变形情况，可以把变形缩放系数改为 1。点击工具区的"通用选项"（图 6.9-3），弹出图 6.9-4【通用绘图选项】对话框，选择"基本信息"一栏，将"变形缩放系数"的数值设置为 1，点击"确定"后，然后重新观察模型的变形图（图 6.9-5）。从图 6.9-5 中很难看出模型的变形情况，说明结构的变形相对结构的尺寸较小。为了方便观察，这里将"变形缩放系数"改回默认的"自动计算"。

 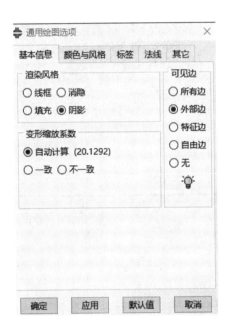

图 6.9-3　通用选项　　　　　　图 6.9-4　通用绘图选项

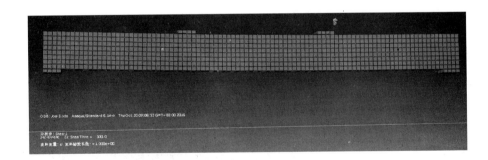

图 6.9-5　变形图（缩放系数为 1）

6.9.2　绘制应力云图

点击图 6.9-6 中"可视化"模块中的"在变形图上绘制云图"，可以显示在模型变形图上绘制的 Mises 应力云图，如图 6.9-7 所示。图例中的"S，Mises"表示 Mises 应力，Mises 应力是 ABAQUS 默认的绘图变量，也可以选择其他变量进行绘图。

应力云图中，应力数值大的位置显示为红色，应力数值小的位置显示为蓝色，而图6.9-7中的应力云图中梁的表面全部显示为蓝色，并不能观察出混凝土应力的变化规律。图6.9-7中云图都显示为蓝色的原因是由于混凝土内部的钢筋应力比混凝土的应力大很多，差一个数量级，也就是说混凝土内部的钢筋应力为红色，而图6.9-7中无法显示出来。两种材料混合起来显示不利于观察应力规律，为了方便观察两者的应力变化规律，可以通过"创建显示组"的方式分别显示混凝土和钢筋的应力云图。

图 6.9-6　绘制应力云图

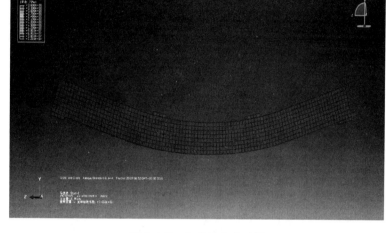

图 6.9-7　生成的应力云图

如图 6.9-8 所示，在主菜单栏的"工具"中选择"显示组"→"创建"，弹出图 6.9-9【创建显示组】对话框，如图 6.9-9 设置，选定钢筋笼"PART-REBAR-CAGE-1，SET-1"，并选择对话框下端的"高亮视口中的项目"，检查无误后，点击选择窗口下端"替换"图标，即可得到钢筋笼的应力云图，如图 6.9-10 所示。

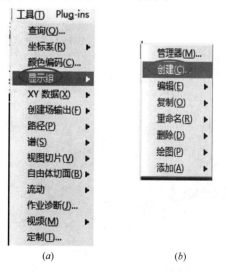

(a)　　　　　　　　(b)

图 6.9-8　显示组菜单

(a) 显示组；(b) 创建

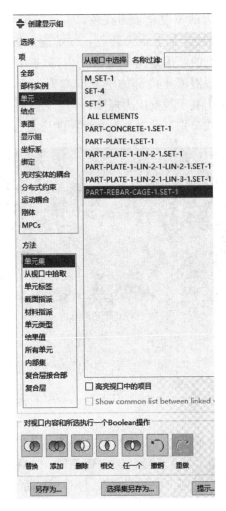

图 6.9-9　创建显示组

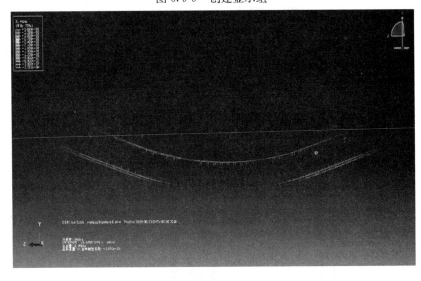

图 6.9-10　钢筋笼的应力云图

通过创建显示组可以在后处理中选择需要显示的部件。

运用同样的方法可以仅显示混凝土的应力云图，如图 6.9-11 所示。

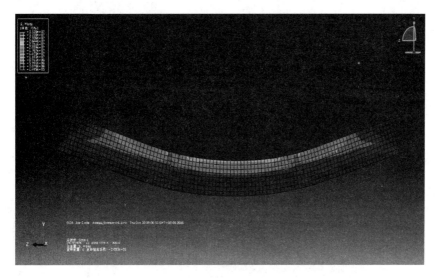

图 6.9-11　混凝土的应力云图

由图 6.9-10 钢筋笼的应力云图和图 6.9-11 混凝土应力云图可以看出，在梁中间纯弯段的受拉钢筋和受压混凝土已经屈服。

若查看其他时间步的应力云图，可以点击绘图栏右上角的快捷按钮"向前"或者"向后"，显示各个时间增量步下应力云图的变化，如图 6.9-12 所示。点击"第一个"或"最后一个"可以直接跳到分析步开始或结束的时刻。

6.9.3　应力随时间的变化曲线

ABAQUS 中可以绘制某点变量随时间变化的曲线，这里介绍如何输出结点的最大主应力。

点击图 6.9-13 中工具区的"创建 XY 数据"，在弹出的图 6.9-14 对话框中选择"ODB

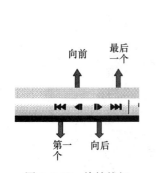

图 6.9-12　快捷按钮

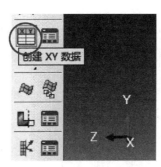

图 6.9-13　创建 XY 数据

图 6.9-14　创建 XY 数据对话框

场变量输出"对话框，点击"继续"，弹出图 6.9-15【来自 ODB 场输出的 XY 数据】对话框，在"位置"一项选择"唯一结点的"，"编辑"中选择"S：应力分量"的最大主应力"Max，Principal（Abs）"，在"单元/结点"（图 6.9-16）一栏中选择跨中底部钢筋的一个结点（图 6.9-17），选择图 6.9-16 中的"编辑选择集"，然后点击绘制，即可得到该结点的最大主应力随时间的变化曲线（图 6.9-18）。

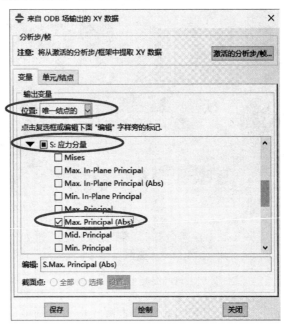

图 6.9-15　输出的 XY 数据

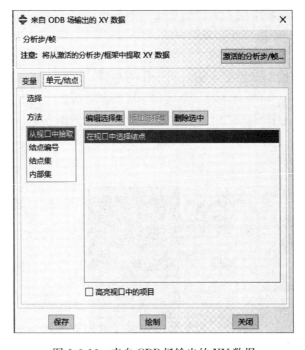

图 6.9-16　来自 ODB 场输出的 XY 数据

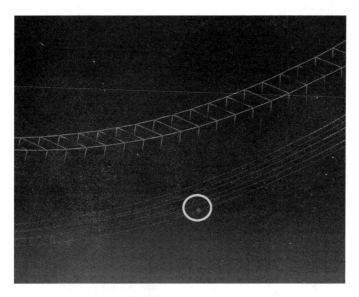

图 6.9-17　选择输出结点

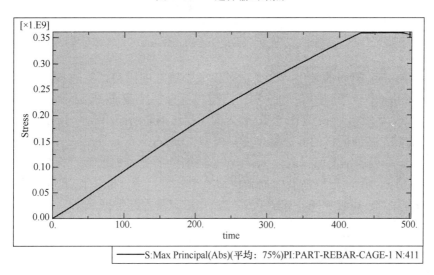

图 6.9-18　受拉钢筋的最大主应力曲线

用同样的方法可以输出混凝土的最大主应力随分析步时间变化的曲线，这里不再赘述。

提示

需要说明的是，结点处的应力结果都是由积分点处的应力进行插值得到的，所以说积分点处的应力相对更精确一些。

6.10　钢筋混凝土梁的多种工况分析

为了比较和验证混凝土梁在多筋、适筋、少筋情况下的混凝土梁的延性差别，先分别计算三种配筋情况下的荷载位移曲线。

鼠标右击模型树中模型的名字"Model-1"（图 6.10-1），选择"复制模型"，复制出三个模型，如图 6.10-2 所示，分别命名为"over-reinforced beam"、"balanced-reinforced beam"和"under-reinforced beam"。

图 6.10-1　复制模型

图 6.10-2　重命名模型

为了达到少筋和超筋的效果，改变三个模型中钢筋的面积。先选择超筋梁模型"over-reinforced beam"，按照图 6.10-3 利用模型树选择受拉截面"Section-rebar-tension"，受拉钢筋面积改为 $31.4e-4m^2$（图 6.10-4），同时受压钢筋的面积改为 $1e-6\ m^2$，以便忽略受压钢筋的影响。按照同样的方法将少筋梁模型"under-reinforced beam"的受拉钢筋面积改为 $79e-6m^2$，受压钢筋面积改为 $1e-6\ m^2$。适筋梁的受拉钢筋面积保持不变，受压钢筋面积也改为 $1e-6\ m^2$。三种模型的加载位移放大二倍，为 -0.004（即最大加载位移为 40mm），两个加载点设置相同，如图 6.10-5 所示。点击保存数据。

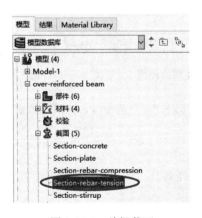

图 6.10-3　编辑截面

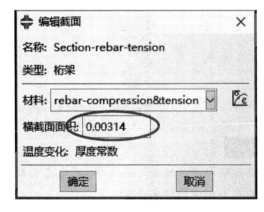

图 6.10-4　编辑截面对话框

接着需要分别对三个模型建立三个作业。如图 6.10-6 所示，点击"创建作业"，先创建超筋梁的作业，将其命名为"over-reinforcedbeam"（注意作业的名称中不能包含空格），模型选取"over-reinforced beam"。依次建立适筋梁作业"balanced-reinforcedbeam"

和少筋梁的作业"under-reinforcedbeam"。点击"作业管理器"，可以查看已建立的作业，如图 6.10-7 所示。

图 6.10-5 边界条件

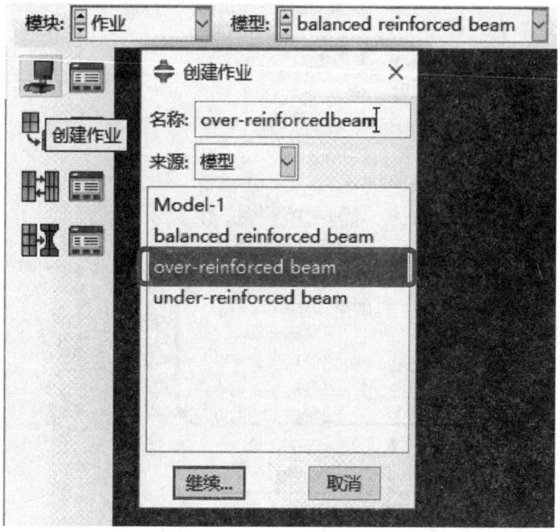

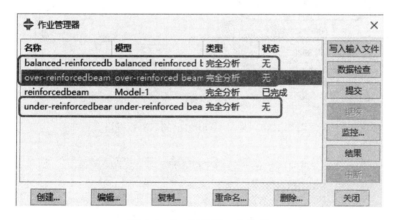

图 6.10-6 创建作业

图 6.10-7 创建的三个作业

先在"图 6.10-7"中选择超筋梁作业"over-reinforcedbeam"提交，分析计算完成后，点击"结果"，接着点击工具栏的"创建 XY 数据"，并选择图【创建 XY 数据】的"ODB 场变量输出"（图 6.10-8）。

如图 6.10-8，位置选择"唯一结点的"，输出变量选择"RF：反作用力→RF2"和"U：空间位移→U2"，即竖向的反作用力和位移。接着选择结点的位置，按照"视图"→"ODB 显示选项"→"实体显示"（图 6.10-9），然后点选"显示边界条件"，就可以显示加载点的位置，如图 6.10-10 所示，按照图 6.10-11 选择加载点的位置。然后点击保存，就可以把加载点的 RF2 和 U2 数据保存到模型中了。

为了方便数据的操作，将保存的数据改名，在结果树（如图 6.10-12 中），选择"XY 数据"，点击鼠标右键可以重命名，对反力数据"RF：RF2 PI：ASSEMBLY N：1"改为"RF：RF2 OVER"，对位移数据改为"U：U2 OVER"。

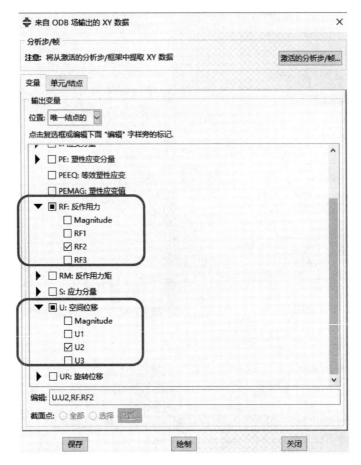

图 6.10-8　来自 ODB 输出的 XY 数据设置

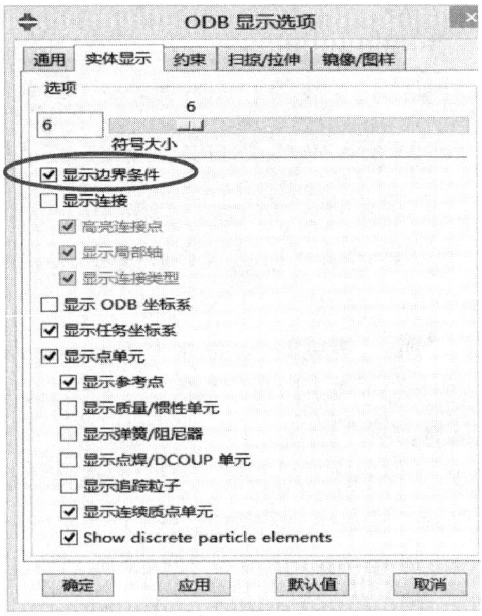

图 6.10-9　ODB 显示选项

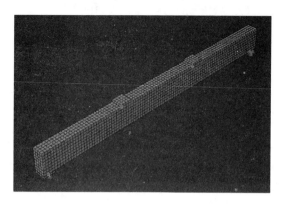

图 6.10-10　显示边界条件

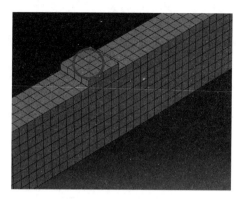

图 6.10-11　选择加载点位置

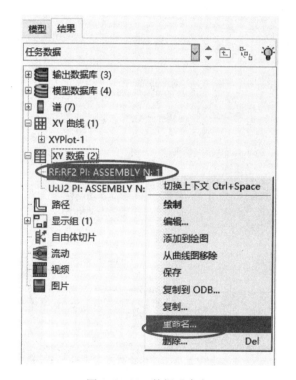

图 6.10-12　数据重命名

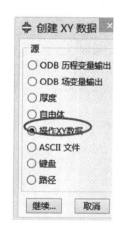

图 6.10-13　创建 XY 数据

接着点击工具栏的"创建 XY 数据"（图 6.10-13），并选择"操作 XY 数据"（图 6.10-14），在弹出的对话框中选择"combine"函数，分别点击位移 U2 和反力 RF2 的数据将其添加到表达式中。同时在各个变量前面加上负号（图 6.10-14），即"combine (-" U:U2 PI: OVER", -RF: RF2 PI: OVER")"，然后点击绘制，得到图 6.10-15 超筋梁荷载位移曲线，由于混凝土被压坏，所以计算中断没有收敛，即没有加载到 40mm。然后点击图 6.10-14 中对话框下面的"另存为"，将得到的曲线命名为"over-reinforced beam"。用同样的方法计算适筋梁和少筋梁的位移荷载曲线"balanced-reinforced beam"的"under-reinforced beam"。

图 6.10-14 操作 XY 数据

为了将三条曲线放到同一个坐标系中，点击菜单栏工具→XY 数据（图 6.10-16）→管理器，选中已经绘制好的曲线（图 6.10-17），然后点击绘制，就可以在同一个坐标系中绘制出这三条曲线（图 6.10-18）。

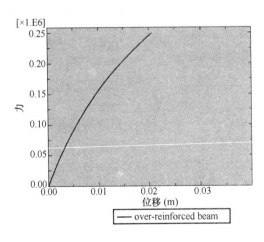

图 6.10-15　超筋梁荷载位移曲线

图 6.10-16　XY 数据管理器 1

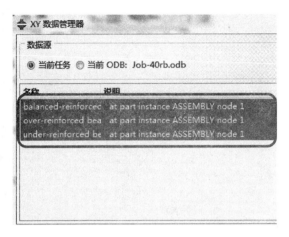

图 6.10-17　XY 数据管理器 2

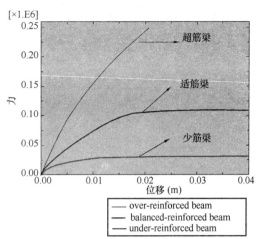

图 6.10-18　三种配筋情况下的荷载位移曲线

由图 6.10-18 可以看出，超筋梁的承载力最高但延性差，少筋梁承载力最低，适筋梁的承载力和延性达到平衡。

第三篇

MATLAB 软件

本篇要点

本篇介绍 MATLAB 软件，面向初学者以及拥有一定力学基础的人员。通过具体实例，使读者了解 MATLAB 软件从基本操作到结构分析的编程方法和技巧。

本篇突出重点，抓住关键，阐述以下重要模块：
- MATLAB 基本操作和常用命令
- 基于矩阵位移法的 MATLAB 结构分析
- 基于有限单元法的 MATLAB 结构分析

第 7 章　MATLAB 入门

🎓 **本章重点**

1. 了解 MATLAB 的历史及其特点。
2. 熟悉 MATLAB 的工作界面。
3. 掌握 MATLAB 的基本运算。

　　MATLAB®是由美国 MathWorks 公司出品的大型商业数学软件，主要用于数值计算、数据可视化以及算法开发，它是一种高级技术语言和交互式环境。经过几十年的完善和推广，现在的 MATLAB 已经成为科学与工程界通用的计算机语言，为现代科学与技术的发展做出了重大贡献。在土木工程领域，由于 MATLAB 具有功能强、效率高、简单易学等特点，已经广泛地渗透到工程设计、计算、仿真和分析等各项工作中，受到从业人员和科研学者的普遍青睐。本章简要介绍了 MATLAB 的发展和功能，旨在帮助初学者更快的认识和接受 MATLAB，从而能够熟练的利用这一工具来解决我们学习和工作中遇到的难题。

7.1　MATLAB 概述

7.1.1　MATLAB 的发展历史

　　MATLAB 的起源最早可以追溯到 20 世纪 70 年代，时任美国新墨西哥大学计算机科学系主任的 Cleve Moler 教授为减轻学生编程的负担，用 FORTRAN 语言编写了能方便调用线性代数软件包（LINPACK）和特征值计算软件包（EISPACK）中的子程序的接口程序，命其名为 MATLAB，这是 Matric 和 Laboratory 两个英文单词前三个字母的组合，意为"矩阵实验室"。

　　1983 年，Cleve Moler 与 John Little、Steve Bangert 一起合作开发了第二代专业版 MATLAB，从这一代开始，MATLAB 采用 C 语言编写，在数值计算功能之外新增了数据可视化功能。1984 年，三人共同成立 Math Works 公司，并正式推出 MATLAB 第 1 版（DOS 版）。

　　自 2006 年开始，Math Works 公司在每年的 3 月份和 6 月份都会进行新产品发布，不断地增加新的功能，并提供翔实的帮助系统，使得 MATLAB 功能日益完善。现在，MATLAB 已经成为公认的准确、可靠的科学计算标准软件，在很多专业领域的顶级刊物上都可以看到 MATLAB 的应用。

7.1.2　MATLAB 的主要特点

　　◆ 高级语言：MATLAB 应用程序是基于 MATLAB 脚本语言的，它是用于数值计算、数据可视化及算法开发的一种高级语言。

◆ 交互式环境：MATLAB 提供了非常友好的工作环境界面支持，在此环境下，用户可以利用我们熟悉的数学符号进行计算、数据可视化和编程，操作简单，便于学习和掌握。

◆ 数学函数：MATLAB 内置了丰富的计算算法，基本能解决包括矩阵运算、符号运算、复数运算、线性方程组的求解、微分方程及偏微分方程的组的求解等问题。

◆ 绘图功能：MATLAB 内置了丰富的数据可视化图形工具，可以绘制二维图形、三维图形、柱状图、散点图和饼状图等常用图形，在绘图界面窗口，用户可以直接在图形交互界面中完成图形的绘制和编辑。

◆ 程序开发：MATLAB 支持编写各种函数，既包括用户利用 M 脚本文件编写的自定义函数，也包括匿名函数编写的内嵌函数。利用这些函数功能，用户就可以根据需求，编写满足特定功能的程序，并且可以编译成可执行的 .exe 文件，方便不同用户的交流。

◆ 功能整合：将基于 MATLAB 语言的算法与 C/C++、Java®、.NET、Python ®、SQL、Hadoop 和 Microsoft® Excel 等外部应用或语言整合。因此，用 MATLAB 语言编写的程序具有良好的扩展能力，用户既可以在 MATLAB 中调用其他语言编写的程序，同时在其他语言中也可以调用 MATLAB 程序。

◆ 完善的帮助系统：MATLAB 向用户提供了多种途径的帮助系统，如 MATLAB 在线帮助、帮助窗口、帮助提示、帮助浏览器、用户使用手册等等。MATLAB 常用的帮助命令有：

>> help keyword

％精确搜索，查询与关键词完全匹配的结果，直接在命令窗口显示查询信息

>>lookfor keyword

％模糊搜索，查询与关键词有关的函数和命令，直接在命令窗口显示查询信息

>> doc keyword

％在帮助浏览器中显示关键词的 HTML 格式的参考信息

提示
- -
％开头的语句为 MATLAB 中的注释语句。
- -

7.2   MATLAB 工作界面简介

启动 MATLAB 后就进入了 MATLAB 的工作界面，其默认的界面布局如图 7.2-1 所示。MATLAB 的工作界面主要由一个主窗口和三个嵌入其中的子窗口组成，其中标题为 MATLAB R2016a 的窗口是 MATLAB 运行的主窗口，另外三个子窗口分别为：当前文件夹窗口（Current Folder）、命令窗口（Command Window）、工作区窗口（Workspace）。用户可以根据自己的使用习惯，通过直接拖动的方式来调整各窗口的大小及位置，或者直接单击主窗口工具栏的布局（Layout）下拉菜单，选择 MATLAB 预设的各种经典布局风格。下面简要介绍各窗口的功能。

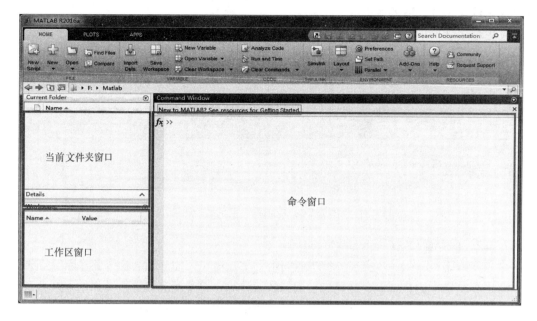

图 7.2-1　MATLAB R2016a 默认工作界面

7.2.1　主窗口

MATLAB 主窗口是 MATLAB 的主要工作界面。除了嵌入其中的三个主要子窗口以外，还包括菜单栏和工具栏。菜单栏包含主页（HOME）、绘图（PLOTS）、应用程序（APPS）三个菜单项，每个菜单项都对应有各自的工具栏。工具栏中有很多命令按钮，用户可以很方便、快捷地进行各种操作。

主页（HOME）：用户可以通过"主页"菜单项下的工具栏按钮，如图 7.2-2 所示，分别对文件（FILE）、变量（VARIABLE）、代码（CODE）、SIMULINK、环境（ENVI-RONMENT）、资源（RESOURCES）等进行操作。

图 7.2-2　主页工具栏

绘图（PLOTS）：MATLAB 内置了很多图形样式，用户可以直接通过"绘图"中菜单项下的工具栏按钮，如图 7.2-3 所示，将选择的数据通过各种图形表现出来，快捷高效

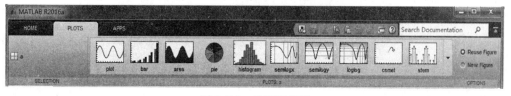

图 7.2-3　绘图工具栏

地实现 2-D 或 3-D 数据可视化。

应用程序（APPS）：MATLAB 工具栏上显示目前已经安装的 APP，如图 7.2-4 所示。用户还可以通过 MATLAB 其他的产品、主页菜单的附加功能（Add-Ons）按钮或者自己根据需求创建自己的 APP 等方式获得更多的 APPS。

图 7.2-4　应用程序工具栏

7.2.2　命令窗口（Command Window）

命令窗口是 MATLAB 实现各种功能的主要交互窗口，用于输入命令并显示除图形外的所有运算结果。用户可以在这里进行诸如数值计算、符号运算和运算结果的可视化等复杂的分析与处理。命令窗口在默认情况下嵌入主窗口中，用户可以通过单击 按钮→Un-dock 命令对其进行解锁而使其浮动于主窗口之上，如图 7.2-5 所示。

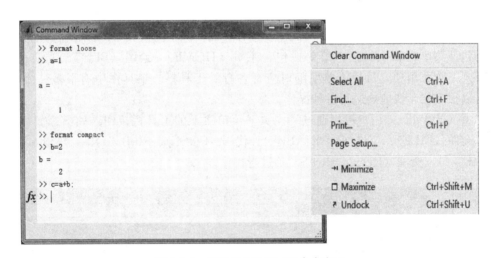

图 7.2-5　浮动的 MATLAB 命令窗口

MATLAB 命令窗口中所有命令都以命令提示符"＞＞"开头，用户在命令提示符"＞＞"后输入运算命令，按下 Enter 键，MATLAB 开始计算，命令提示符"＞＞"会暂时消失。当计算完成后，MATLAB 会显示并保存运算结果，同时命令提示符"＞＞"重新出现，MATLAB 重新进入计算准备状态。如果用户输入命令时以英文输入法下的";"结尾，则计算结果不显示在命令窗口，用户可以在 Workspace 窗口查看计算结果。在下次计算前，若用户不想在命令窗口显示上次计算输入的命令或运算结果，可以输入命令：

```
＞＞clc        ％清除命令窗口，运算结果仍保存在工作空间中
```

用户可以通过单击 Preferences→Numeric display（loose or compact）命令调整命令

窗口的命令行显示方式，其中选择 loose 则命令行排列松散，行与行之间空一行显示；而选择 compact 时命令行排列紧凑，行与行之间无空行，或者直接在命令窗口执行"format loose"、"format compact"命令也能达到相同的效果，两种显示方式的效果如图 7.2-5 所示。

7.2.3　工作空间窗口（Workspace）

工作空间是 MATLAB 用于存储各种变量和结果的内存空间。用户可以通过单击 ▼ 按钮→Choose Columns 命令，设置窗口中显示工作空间中所有变量的名称、大小、字节数和变量类型等说明，如图 7.2-6 所示。在 Workspace 窗口，用户可以对变量进行观察、编辑、保存和删除。为了不受上次运算结果的干扰，往往在计算之前需清空工作空间，可以输入命令：

>>**clear**　　　　　%清空工作空间，清除内存中保存的变量和运算结果

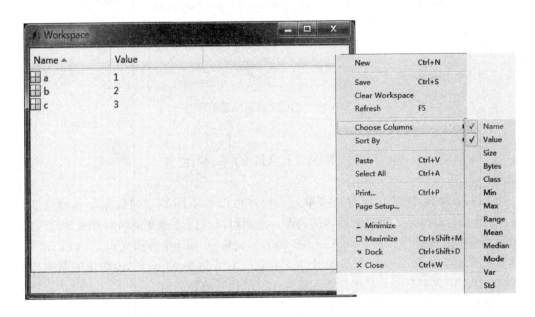

图 7.2-6　浮动的 Workspace 窗口

7.2.4　当前文件夹窗口（Current Folder）

当前文件夹是指 MATLAB 运行文件时的工作文件夹，只有在当前文件夹的文件、函数才可以被运行或调用。Current Folder 窗口既可以内嵌在主窗口中，也可以浮动于主窗口之上，浮动的 Current Folder 窗口如图 7.2-7 所示。单击 Current Folder 窗口的 ▼ 按钮可以进行新建文件夹、新建文件、查找文件、设置窗口显示等操作。

用户可以在图 7.2-8 所示的当前文件夹设置工具栏中将自己的工作文件夹设置成当前文件夹，从而使所有操作都在当前文件夹中进行，便于对文件进行有效的组织和管理。此外，使用 cd 命令也可以将用户文件夹设置成当前文件夹。例如，将用户目录 F:\matlab 设置为当前文件夹，可在命令窗口输入命令：

>> **cd F:\matlab**

按下 Enter 键，当前文件夹自动切换成 F 盘里名为 Matlab 的文件夹。

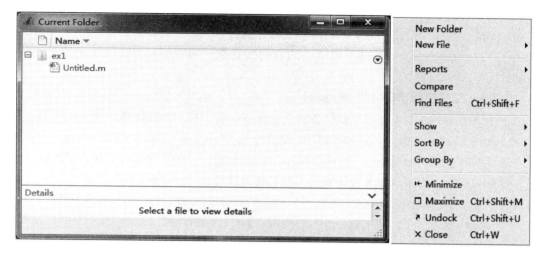

图 7.2-7　浮动的 Current Folder 窗口

图 7.2-8　当前文件夹设置工具栏

7.3　MATLAB 的基本运算

MATLAB 的运算以变量为基本单元，用户可以将不同类型的数据都赋值给变量，MATLAB 会自动给该变量分配适当的内存，进而可以直接通过变量名对变量所对应的内存单元进行读取等操作。正如 MATLAB 的名称的寓意（矩阵实验室），MATLAB 的绝大多数命令和运算都以矩阵为基本对象。因此，本节将对 MATLAB 变量的基本操作、MATLAB 常用数据类型、基本运算和运算控制结构做简要介绍。

7.3.1　MATLAB 变量的基本操作

1. 变量的命名

与其他高级语言不同，在 MATLAB 中无需事先定义变量，只要该变量名称在命令语句中首次合法出现，系统会自动定义该变量并根据变量的操作确定其类型。在 MATLAB 中，变量以变量名来表示，变量名的命名规则为：

- ◆ 变量名区分大小写，如 aa 与 AA 是两个不同的变量；
- ◆ 变量名必须以英文字母开头，后面可以跟数字、下划线和字母，但不能用空格、标点符号和运算符；
- ◆ 变量名最长 63 个字符，之后的字符都被忽略；
- ◆ MATLAB 提供的标准函数及命令在调用时必须以小写字母命名。

除上述一般规则外，用户还需注意 MATLAB 中的系统内定的关键字不能作为 MATLAB 的变量名称。要知变量名与关键字是否冲突，有两种方法：一是通过 isvarname 命令来查询所定义的变量名是否为 MATLAB 的关键字；二是通过在命令窗口输入 iskeyword 命令来查询系统关键字。

在 MATLAB 中，系统还预定义了一些变量，这些变量在程序启动之后就已经自动定义，具有特殊的含义和意义，如表 7.3-1 所示。

MATLAB R2016a 中的预定义变量   表 7.3-1

预定义变量	变量的意义
ans	默认的计算结果变量名，为 answers 的缩写形式
eps	MATLAB 定义的正的极小值 2.2204e-16
pi	圆周率 π
Inf	表示∞，如 1/0
NaN	表示不确定数，如 0/0、∞/∞、$0*\infty$
i 或 j	虚数单位 i=j=$\sqrt{-1}$
nargin	在调用函数时，函数输入参数个数
nargout	在调用函数时，函数输出参数个数

💡 提示

在 MATLAB 中，被 0 除并不会导致程序的终止，系统会根据情况给出警告信息，并相应的用 Inf 或 NaN 来表示这些计算结果。

- -

2. 变量的管理

1）保存变量

使用 save 命令将 MATLAB 当前工作空间（Workspace）中的变量以 MAT 文件的形式存储到磁盘，命令格式如下：

`>> save filename`

将工作空间的所有变量按二进制格式存到名为 filename. mat 的文件中。如果省略 filename，则存入文件 matlab. mat 中。

`>> save filename. mat p q`

将变量 p、q 以二进制的形式保存到名为 filename. mat 的文件中。

`>> save filename. txt p q - ascii`

将变量 p、q 按文本格式（ASCII 码）存到名为 filename. txt 的文件中。

2）读入变量

使用 load 命令使变量从磁盘文件读入到 MATLAB 的工作空间，命令格式如下：

`>> load filename`   % 从名为 filename. mat 的二进制文件中读入变量。

`>> load filename p q`   % 从名为 filename. mat 的二进制文件中读入变量 p、q。

`>> load filename. txt p q - ascii`   % 从名为 filename. txt 的文本文件中读入变量 p、q

3）删除变量

使用 clear 命令可以清除工作空间中现存的变量，但系统预定义的变量不会被清除。

此外，要了解工作空间的变量的详细信息，可以利用 who 或 whos 命令，两者都可列出 MATLAB Workspace 中的变量名清单，其具体用法用户可以参照 MATLAB 的帮助系统。

7.3.2 MATLAB 的数据类型

MATLAB 中的数据类型都是以数组为基础派生出来，主要包括矩阵（数组）、字符串数组、单元型数组和结构型数组等。

1. 矩阵（数组）

按照数组排列方式和元素个数的不同，可以将 MATLAB 数组分为空数组、一维数组、二维数组和多维数组。对于标量（一个数）可以称其为 1×1 矩阵，而向量则可以认为是 $1 \times n$（行向量）或 $m \times 1$（列向量）矩阵，相当于一维数组。一个 m（行）$\times n$（列）的矩阵则相当于二维数组，另外一个 0×0 空矩阵也是有意义的，相当于空数组。因此，矩阵和数组这两个术语是经常可以替换使用的。

1) 创建矩阵

MATLAB 一般采用直接输入法创建矩阵，"［］"中给出矩阵的所有元素，同一行不同元素之间用","或空格分隔，不同行之间用";"分隔。例如：

>> a＝［1 2 3；4 5 6；7 8 9］

或者

>> a＝［1，2，3；4，5，6；7，8，9］

上面两个命令的执行结果都一样，即：

```
a =

     1     2     3
     4     5     6
     7     8     9
```

除了上述直接输入法创建矩阵外，用户还可以利用 MATLAB 提供的函数创建矩阵：

zeros（m，n）函数：创建元素全为 0 的 $m \times n$ 矩阵。

>> a＝zeros（2，3）

```
a =

     0     0     0
     0     0     0
```

ones（m，n）函数：创建元素全为 1 的 $m \times n$ 矩阵。

>> b＝ones（2，3）

```
b =

     1     1     1
     1     1     1
```

eye（m，n）函数：创建单位矩阵。

>> c＝eye（2，3）

```
c =

     1     0     0
     0     1     0
```

linspace（x1，x2，n）函数：生成初值为 x_1，终值为 x_2，n 个元素按等差形式排列的行向量。

>> d＝linspace（0，10，5）

```
d =

     0     2     4     6     8     10
```

166

rand 函数：创建一个 0~1 之间均匀分布的随机矩阵。

randn 函数：产生均值为 0，方差为 1 的标准正态分布随机矩阵。

还可以通过矩阵拼接来形成新矩阵。

```
>> f = [a c]
f =
     0     0     0     1     0     0
     0     0     0     0     1     0
```

此外，还可以通过步长生成法来生成矩阵（向量）。基本命令为：**a = x1：inc：x2**，x1、x2 分别为向量的初值和终值，inc 为向量的间隔步长。如果 x1 和 x2 为整数，省略 inc 可以生成间隔为 1 的数列。

```
>> a = 1：2：10
a =
     1     3     5     7     9
```

MATLAB 还提供了一些函数用来创建一些特殊的矩阵，如表 7.3-2 所示。

特殊矩阵函数　　　　　　　　　　　　　　　　　　　　　　　表 7.3-2

函数	说明	函数	说明
triu	生成上三角矩阵	tril	生成下三角矩阵
magic	生成魔方矩阵	diag	生成对角矩阵

2）矩阵的访问

在实际应用中，我们常常需要提取矩阵中某个元素或符合某一特征的元素，可以通过在圆括号"（ ）"中利用矩阵元素下标访问矩阵元素。对于矩阵：

```
>> a = [2 -1 1; -1 2 -1; 1 -1 2]
a =
     2    -1     1
    -1     2    -1
     1    -1     2
```

分别执行下列命令的结果为：

```
>> a(1, 1)              % a 的第 1 行第 1 列对应的元素
ans =
     2
>> a(1：2, 2)           %提取矩阵 a 的前两行第二列向量
ans =
    -1
     2
>> a( :, 3)            %提取矩阵 a 的第三列向量
ans =
     1
    -1
     2
>> a([1 3], [1, 3])    %提取矩阵 a 删除第二行第二列后的二阶子矩阵
```

```
ans =
         2    1
         1    2
```

>> **a(: , 3) = [ ]**   % 删除矩阵 a 的第 3 列向量

```
a =
             2    -1
            -1     2
             1    -1
```

>> **a(: , 3) = [1; 2; 3]**   % 更换第 3 列向量

```
a =
         2    -1     1
        -1     2     2
         0    -1     3
```

3）矩阵的秩

Matlab 中用 rank 函数来计算矩阵的秩。

>>**A = [1 2 3; 2 1 2; 3 1 2]**

```
A =
         1     2     3
         2     1     2
         3     1     2
```

>> **rank (A)**

```
ans =
         3
```

4）矩阵的特征值运算

MATLAB 中求矩阵特征值和特征向量的函数为 eig（ ），其调用格式为：

eig (A)   % 以向量的形式返回矩阵 A 的特征值。

[V, D] = eig (A)   % 返回矩阵 V 和 D, 其中 V 是以矩阵 A 的特征向量作为列向量组成的矩阵, D 是由矩阵 A 的特征值作为主对角元素构成的对角矩阵。

>> **A = magic (3)**

```
A =
         8     1     6
         3     5     7
         4     9     2
```

>>**eig (A)**

```
ans =
        15. 0000
         4. 8990
        -4. 8990
```

>> **[V, D] = eig (A)**

```
V =
        -0. 5774    -0. 8131    -0. 3416
        -0. 5774     0. 4714    -0. 4714
```

168

$$-0.5774 \quad 0.3416 \quad 0.8131$$

```
D =
      15.0000        0        0
           0   4.8990        0
           0        0  -4.8990
```

5）其他矩阵函数

MATLAB还提供了其他的矩阵操作函数如表7.3-3所示。

矩阵操作函数 表 7.3-3

函数	说明	函数	说明
rot90	对矩阵逆时针旋转 90°	inv	矩阵的逆矩阵
fliplr	对矩阵左右翻转	trace	方阵的迹
flipud	对矩阵上下翻转	orth	正交规范化
det	方阵的行列式	norm	矩阵的范数

2. 字符串

在 MATLAB 中，字符串是用''括起来的一系列字符的组合，是 $1 \times n$ 的字符数组，每个字符都是字符数组的一个元素，以 ASCII 码的形式存放并区分大小。

1）字符串的创建

```
>> s = 'Civil Engineering'
s =
Civil Engineering
```

2）字符串的连接

```
>> s1 = 'Civil';
>> s2 = ' Engineering';    % 注意开头的空格
>> s3 = [s1, s2]
s3 =
Civil Engineering
```

3）字符串的比较

```
>> s = strcmp(s1, s2) % 判断两个字符串是否相同，返回 1（true）或 0（false）
s =
     0
>> s = strncmp(s1, s3, n)     % 判断字符串 s1 和 s 前 n 个字符是否相同
s =
     1
```

4）字符串的替换

str = strrep(str1, str2, str3) 用字符串 str3 替换字符串 str1 中的所有字符串 str2。

```
>> s4 = 'Structural'
>> s = strrep(s3, s1, s4)
s =
Structural Engineering
```

5）字符串大小写转换

可以应用 upper 和 lower 函数进行大小写转换。

```
>> s = ' Welcome to Matlab';
>> a = upper (s)
a =
WELCOME TO MATLAB
>> a = lower (s)
a =
welcome to matlab
```

此外，MATLAB 中还有一些常见的字符串函数如表 7.3-4 所示，用户可以通过 MATLAB 的 help 系统查看其具体用法。

字符串函数   表 7.3-4

函数	功能
size	查看字符串的大小
disp	显示字符串的内容
char	将字符串的 ASCII 值转化为字符，生成字符串数组
strvcat	生成字符串数组，忽略字符串中的空格
num2str / str2num	数值 ⇌ 字符串
dec2bin / bin2dec	十进制数 ⇌ 二进制的字符串
int2str	将整数转换成字符串
deblank	去掉字符串后拖的空格

7.3.3 MATLAB 的基本数学运算

1. 算术运算

MATLAB 算术运算分为两类：矩阵运算和数组运算。在 MATLAB 中这些运算都通过指定的运算符组成，常用的算术运算符如表 7.3-5 所示。

算术运算符   表 7.3-5

运算方式	运算符	说明	运算方式	运算符	说明
	+, −	加、减		+, −	加减
矩	*	乘	数	.*	数组乘法
阵	/	右除	组	./	数组右除
运	\	左除	运	.\	数组左除
算	∧	乘方	算	.∧	数组乘方
	'	转置		.'	数组转置

矩阵运算和数组运算最主要的区别在于：矩阵运算是按线性代数的法则进行的，是对矩阵对应行向量和列向量进行操作，而数组运算是数组对应元素之间的运算。对如下的两个矩阵 *A* 和 *B*

$$A = \begin{bmatrix} a_{11} & a_{12} \\ a_{21} & a_{22} \end{bmatrix}, B = \begin{bmatrix} b_{11} & b_{12} \\ b_{21} & b_{22} \end{bmatrix}$$

矩阵乘法运算：$A * B = \begin{bmatrix} a_{11} b_{11} + a_{12} b_{21} & a_{11} b_{12} + a_{12} b_{22} \\ a_{21} b_{11} + a_{22} b_{21} & a_{21} b_{12} + a_{22} b_{22} \end{bmatrix}$；

数组乘法运算：$A. * B = \begin{bmatrix} a_{11} b_{11} & a_{12} b_{12} \\ a_{21} b_{21} & a_{22} b_{22} \end{bmatrix}$。

下面以简单的例子来熟悉矩阵运算和数组运算的区别：

```
>> A = [1 2 3; 4 5 6; 7 8 9]
A =

    1    2    3
    4    5    6
    7    8    9
>> B = magic (3)
B =

    8    1    6
    3    5    7
    4    9    2
```

（1）乘法运算

```
>> A * B
ans =

    26    38    26
    71    83    71
   116   128   116
>> A. * B
ans =

    8     2    18
   12    25    42
   28    72    18
```

（2）右除运算

```
>> A/B
ans =
  - 0. 0333    0. 4667   - 0. 0333
    0. 1667    0. 6667    0. 1667
    0. 3667    0. 8667    0. 3667
>> A. /B
ans =

    0. 1250    2. 0000    0. 5000
    1. 3333    1. 0000    0. 8571
    1. 7500    0. 8889    4. 5000
```

（3）左除运算

```
>> A\B
ans =
  1.0e+16 *
  -2.7022    0.0000    2.7022
   5.4043   -0.0000   -5.4043
  -2.7022    0.0000    2.7022
>> A.\B
ans =
   8.0000    0.5000    2.0000
   0.7500    1.0000    1.1667
   0.5714    1.1250    0.2222
```

（4）乘方运算

```
>> A^2
ans =
    30    36    42
    66    81    96
   102   126   150
>> A.^2
ans =
    1     4     9
   16    25    36
   49    64    81
```

（5）转置运算

```
>> A'
ans =
   1   4   7
   2   5   8
   3   6   9
```

```
>> A.'
ans =
    1    4    7
    2    5    8
    3    6    9
```

在本例中，矩阵转置运算符"'"和数组转置运算符".'"的运算结果相同的，但并不意味着两种运算就是等效的。其实矩阵转置运算符"'"是对矩阵进行共轭转置，而数组转置运算符".'"则是将数组元素的位置作行列转换。比如对矩阵：

$$C = \begin{bmatrix} 1+i & i \\ -i & 1-i \end{bmatrix}$$

两种转置运算的结果分别为：

$$C' = \begin{bmatrix} 1-i & i \\ -i & 1+i \end{bmatrix}, \quad C.' = \begin{bmatrix} 1+i & -i \\ i & 1-i \end{bmatrix}$$

2. 关系运算

MATLAB 提供了六种关系运算符，如表 7.3-6 所示，用于两个相同维数矩阵或其中之一为标量的比较，检查矩阵中元素是否满足所指定的条件。

关系运算符　　　　　　　　　　　　　　　　表 7.3-6

运算符	含义	运算符	含义
==	等于	~=	不等于
>	大于	<	小于
>=	大于等于	<=	小于等于

在 MATLAB 中关系运算的结果为逻辑值，返回"1"则代表关系成立，返回"0"表示不成立。常见的关系运算情况有：

◆ 两个维数相同的矩阵比较时，将相同位置的元素逐个比较，运算结果是一个与原矩阵维数相同的矩阵，矩阵的元素为 1 或 0。

◆ 一个矩阵与一个标量进行比较时，把矩阵的每一个元素都与标量进行比较，运算结果是一个维数与矩阵相同的矩阵。

◆ 两个标量进行比较时，直接比较数值大小。

```
>> A = magic (3)
A =
    8    1    6
    3    5    7
    4    9    2
>> B = 5;
>> A > B
ans =
    1    0    1
    0    0    1
```

```
                0    1    0
```

3. 逻辑运算

MATLAB中包含与、非、或、异或四种基本的逻辑运算，运算结果只有"1"和
"0"，分别代表"真"和"假"。常用的逻辑运算符如表 7.3-7 所示。

逻辑运算符　　　　　　　　　　　　　　　　　表 7.3-7

运算符	说　　明
&	与（and）：当且仅当两个运算值都为真时，结果为真
~	非（not）：对一个逻辑数组进行取反操作
|	或（or）：只要有一个运算值为真，结果为真
xor	异或（xor）：只有当两个运算逻辑值一真一假时，结果为真

逻辑运算法则：

◆ 逻辑运算结果"1"代表"真"，"0"代表"假"。

◆ 参与运算的是两个矩阵（数组），则两个矩阵（数组）的维数必须相同；

◆ 参与运算的是一个矩阵（数组）和一个标量，则将矩阵（数组）的每个元素与该
标量逐一进行运算。

◆ 在算术、关系、逻辑运算中，逻辑运算的优先级最低，常用的运算符优先级如表
7.3-8 所示。

运算符的优先级别表　　　　　　　　　　　　　　表 7.3-8

运算符	优 先 级
（ ）	
.∧（数组幂）∧（矩阵幂） '（转置）	
＋（正号）－（负号）~（逻辑非）	
.* ./ .\ * / \	从高到低
＋（加） －（减号）	
:	
＞＜＞＝＜＝＝＝~＝	
&	
|	

下面通过简单例子加以说明。

```
>> A = - 3：3
A =
   - 3   - 2   - 1    0    1    2    3
>> ~A>0
ans =
    0    0    0    1    0    0    0
>> ~ (A>0)
ans =
    1    1    1    1    0    0    0
```

```
>> A<-1|A>1
ans =
    0    1    0    0    0    1    1
```

7.3.4 MATLAB 常用的数学函数

MATLAB 提供给了大量的数学函数，这些函数的书写形式大多与数学函数的书写形式相同。常用的三角函数和双曲函数如表 7.3-9 所示。

常用的三角函数和双曲函数（角度都以弧度表示）　　　　　表 7.3-9

函数名	含义	函数名	含义	函数名	含义
sin	正弦	sec	正割	asinh	反双曲正弦
cos	余弦	csc	余割	acosh	反双曲余弦
tan	正切	asec	反正割	atanh	反双曲正切
cot	余切	acsc	反余割	acoth	反双曲余切
asin	反正弦	sinh	双曲	sech	双曲正割
acos	反余弦	cosh	双曲余弦	csch	双曲余割
atan	反正切	tanh	双曲正切	asech	反双曲正割
acot	反余切	coth	双曲余切	acsch	反双曲余割

MATLAB 中常用的指数函数与对数函数如表 7.3-10 所示。

常用的指数函数和对数函数　　　　　表 7.3-10

函数名	含义	函数名	含义	函数名	含义
exp	自然指数函数	pow2	2 的幂	sqrt	平方根
log	自然对数	log10	以 10 为底的对数	log2	以 2 为底的对数

MATLAB 中常用的复数函数如表 7.3-11 所示。

常用的复数函数　　　　　表 7.3-11

函数名	含义	函数名	含义	函数名	含义
imag	虚部	real	实部	conj	共轭复数
angle	相角	abs	绝对值	complex	实部虚部组成复数

MATLAB 中常用的数值处理函数如表 7.3-12 所示。

常用的数值处理函数　　　　　表 7.3-12

函数名	含义	函数名	含义	函数名	含义
fix	向 0 舍入	round	四舍五入	floor	向下取整
ceil	向上取整	rem	求余数	mod	模数求余

MATLAB 中其他常用函数如表 7.3-13 所示。

函数名	含义	函数名	含义	函数名	含义
min	最小值	max	最大值	mean	平均值
diff	相邻元素之差	sum	总和	std	标准差
length	数组长度	median	中位数	var	方差
gcd	最大公因子	lcm	最小公倍数	sign	符号函数

7.4 M 文 件

MATLAB 的工作方式有两种：一种是在命令窗口直接输入计算命令；另外一种是事先编写计算程序，保存在一个扩展名为 .m 的文件中（即 M 文件），然后运行计算程序。前者操作简单直接，但是当处理复杂的计算问题时，逐条输入计算命令相对繁琐，一旦中途出错，修改困难，耗时费力。而后者可以随时调试程序，这在处理复杂的计算问题时显得尤为方便，而且计算程序可以保存，方便程序的再次调用和用户间的交流。因此掌握 M 文件的使用方法对我们高效地利用 MATLAB 处理工作中遇到的问题大有裨益。

7.4.1 M 文件的创建与打开

1. 新建 M 文件

M 文件的编写主要在 MATLAB 编辑器中进行，为建立新的 M 文件，启动 MATLAB 文本编辑器的方法有以下三种。

（1）命令按钮操作：在工具栏上单击 New Script 按钮或者 New 按钮→Script 命令，此时 MATLAB 工作窗口出现 Untitled M 文件编辑器窗口如图 7.4-1 所示，此时菜单栏上多出 EDITOR、PUBLISH、VIEW 菜单，每项菜单内都包含很多工具按钮，用户可以对 M 文件进行编辑、修改、调试、保存等各项操作。此外，用户还可以通过单击 M 文

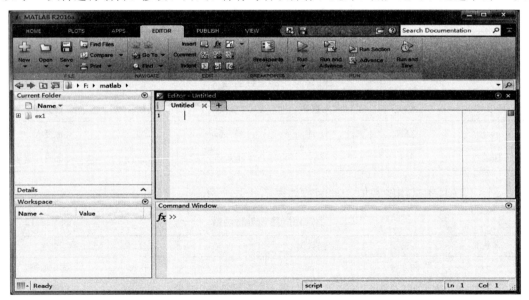

图 7.4-1 M 文件编辑器窗口

件编辑器窗口的⊙按钮→Undock 命令，使编辑器窗口漂浮于主窗口之上，如图 7.4-2 所示。

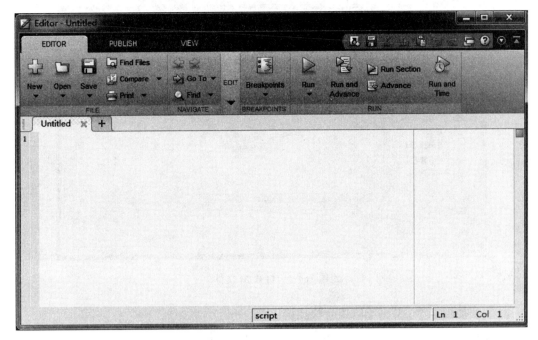

图 7.4-2　浮动的 M 文件编辑器窗口

（2）快捷键操作：Ctrl＋N 组合快捷键。

（3）命令操作：在命令窗口输入命令 edit 并运行。

此外，用户也可以利用记事本、UltraEdit 等文本编辑软件中编写计算命令，保存为扩展名为"．m"的 M 文件形式，也同样可以建立新的 M 文件。

2. 打开 M 文件

打开 M 文件也有三种方式：

（1）命令按钮操作：用户可以在 HOME 菜单项下的工具栏中单击 Open 按钮，会出现图 7.4-3 所示的下拉菜单，单击 Open 命令弹出图 7.4-4 所示的 Open 窗口，用户可以根据 M 文件保存的文件位置选择 M 文件并打开。此外，下拉菜单中还列出了最近几次打开的 M 文件，用户可以直接单击打开。

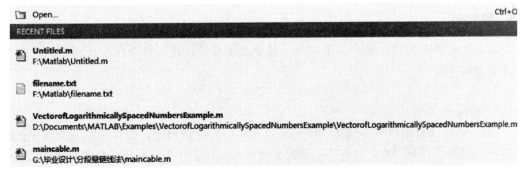

图 7.4-3　Open 按钮下拉菜单

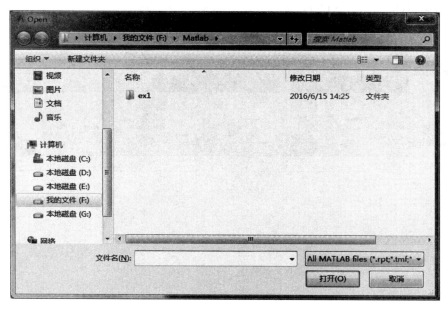

图 7.4-4　打开 M 文件

（2）快捷键操作：Ctrl＋O 组合快捷键。

（3）命令操作：在命令窗口中直接输入命令 edit filename 即可。

7.4.2　M 文件功能特点

M 文件有两种基本形式：命令 M 文件和函数 M 文件。两种文件都是扩展名为 ".m"的 ASCII 码文本文件，任何文本编辑器都可以直接对其进行编辑和修改。

1. 命令 M 文件

命令 M 文件的运行相当于在命令窗口按顺序逐行运行事先编写的计算程序命令，这些命令主要由程序执行部分和注释部分组成。其中注释内容均以符号 "％" 为开头，MATLAB 在执行 M 文件时符号 "％" 后的内容全部作为注释而自动忽略。

命令 M 文件一般作为主程序，在程序中可以调用任何 MATLAB 内嵌函数和用户根据工作需要自定义的函数 M 文件。命令 M 文件没有输入输出参数，可以直接运行，可以访问存在于整个工作空间内的数据。由命令 M 文件建立的变量在程序执行完后将保留在工作空间中，用户可以继续对这些变量进行操作。

💡 提示

本书中的 MATLAB 程序都是在＞＞提示符下写的，建议对于较长的程序采用在 M 文件编写的方式。

2. 函数 M 文件

函数 M 文件是用户为实现某一特定功能而编写的计算程序，保存在当前文件中供随时调用。其第一行为函数定义行，必须以关键字 function 开头，并指定与函数文件名相同的函数名称，定义函数的输入输出参数。函数文件的主体部分被称为函数体，是由为实现特定功能的计算命令行组成，是函数文件计算的核心部分。函数体内的变量在函数执行完毕后被自动清空，不能被其他函数或命令调用。不过用户可以通过定义全局变量（global variable）的方式来定义函数体中的变量，以便其他函数调用。

例如定义一个名为 stat.m 的 M 函数，返回一组输入向量的均值和方差，过程如下：

定义函数：

```
function [m, s] = stat (x)
n = length (x);
m = sum (x) /n;
s = sum ( (x-m) .^2/n);
end
```

这部分命令单独保存在一个 M 文件中，并以"stat"命名。

调用函数：

```
>>values = [12.7, 45.4, 98.9, 26.6, 53.1];
>> [av, st] = stat (values)
av =
    47.3400
st =
    865.0904
```

7.4.3　M 文件中常用的控制结构

1. for 循环结构

for—end 循环语句常被用来处理一段程序需要被重复执行特定的次数。循环语句的使用格式如下：

```
for 循环变量 = 初值：步长：终值
    循环体
end
```

步长可正可负，缺省时默认为 1。

例如：用 for 循环语句计算 10！

```
>> S=1;
>>for i=1：10
>>S=S*i;
>>end
>> S
```

程序的运行结果为：

```
S =
    3628800
```

2. while 循环结构

while—end 循环常用于处理一段程序需要被重复执行直到满足特定条件为止，往往不能事先确定循环次数。

  while 条件
   循环体
  end

  条件一般为逻辑判断语句，如果逻辑判断值为真，则程序继续循环，否则停止循环。

  例如：用 while 循环语句计算 10!

  >> n = 1;
  >> S = n;
  >>while n <= 10
  >> n = n+1;
  >> S = S*n;
  >> End
  >> S

  程序执行结果为：

  S =

     3628800

  3. if 选择结构

  if-else-end 结构是常用的选择结构，根据某一给定的条件，来选择执行不同的命令，命令格式主要有三种：

  if 条件
   语句体 1
  else
   语句体 2
  end

  当条件满足时执行语句体 1，然后跳过语句体 2 向下运行；若果条件不满足，则跳过语句体 1，执行语句体 2，然后向下执行，其流程如图 7.4-5 所示。

  例如：求解分段函数 $f(x) = \begin{cases} -2x+1; & x<0 \\ e^x; & x\geqslant 0 \end{cases}$，在某任意一点处的函数值可执行如下程序：

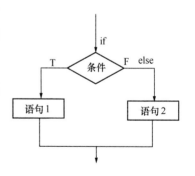

图 7.4-5　if-else-end 结构

  >> x = input('请键入 x 值');
  >>if x<0
  >> y = -2*x+1;
  >>else
  >> y = exp(x);
  >>end
  >>y

  4. switch 分支结构

  分支语句 switch-case-end 又称开关语句，根据变量或表达式的不同，分别执行不同的语句，其语句格式为：

  switch 表达式

```
case 值 1
    语句体 1
case 值 2
    语句体 2
......
case 值 n
    语句体 n
otherwise
    语句体 n + 1
end
```

其执行方式为，如果表达式与哪种情况（case）的值相同，就执行哪种情况中的语句，如果都不同，则执行 otherwise 中的语句，如果省略了 otherwise 结构，则跳出向下执行。

7.4.4 其他控制命令

pause 命令：暂停程序运行，直到用户按下任意键后继续运行。

input 命令：提示用户输入内容。

break 命令：常用于循环控制，当执行到该语句时，程序会跳出当前循环体，执行当前循环体以外的下一语句。

keyboard 命令：暂停程序运行。主要用于 M 文件的调试，MATLAB 运行至 keyboard 处自动停止，命令窗口提示符＞＞重新出现，此时用户可以更改已经运行程序的变量值，重新运行，这也是 keyboard 命令与 pause 命令的区别。

continue 命令：当在循环体内执行到该语句时，程序将不再执行循环体内剩余部分的语句而直接转到循环的终点，继续下一次的循环运行。

return 命令：主要用在 M 文件函数中，对某些输入参数或执行结果进行判断，如果不满足要求，则可以调用 return 语句终止当前程序的运行并返回。

第8章 MATLAB 基本操作

🎓 **本章重点**

1. 了解 MATLAB 文件的基本操作。
2. 熟悉 MATLAB 的数值计算和符号运算。
3. 掌握 MATLAB 图形的基本操作与处理。

在工程实践和科学研究中，数值计算分析是发现问题和解决问题的一个重要手段，但很多数值计算分析过程相当繁琐，处理复杂的工程问题效率很低。而 MATLAB 强大的数据计算分析功能受到越来越多的人青睐，使其成为工程人员和科研人员的重要计算分析工具。本章主要介绍利用 MATLAB 的数值计算和符号计算功能在多项式运算、方程（组）求解、微积分、绘图等常用数据处理问题上的应用。

8.1 MATLAB 数值计算

8.1.1 多项式运算

MATLAB 中的多项式可以用其系数的行向量来表示，系数中的 0 不能省略。如要表示多项式：$x^3-12x-16$，直接在 MATLAB 命令窗口输入：

$$>> A = [1\ 0 - 12 - 16]$$

1. 多项式加减运算

多项式的加减运算其实就是其系数向量的加减运算，但要注意两向量维数需相同，如果不同，需将低次多项式前对应高次多项式的高次项位置补充 0 元素。例如将多项式 $p=x^3-12x-16$ 与多项式 $q=x^2+8$ 相加，可以直接在命令窗口执行下列命令：

```
>> A = [1 0 - 12 - 16];
>> B = [0 1 0 8];
>> C = A + B
C =
     1    1   -12   -8
```

相加后得到的多项式为 $x^3+x^2-12x-8$。

2. 多项式乘法运算

MATLAB 多项式乘法运算利用 conv 函数，对多项式对应的系数向量进行乘法运算，系数向量维数不必相同。例如计算：$p\times q$

```
>> A = [1 0-12-16];
>> D = [1 0 8];
```

```
>> E = conv (A, D)
E =
    1    0    -4   -16   -96   -128
```

相乘后的多项式为：$m=x^5-4x^3-16x^2-96x-128$。

3. 多项式除法运算

MATLAB 多项式除法运算利用 deconv 函数，对其对应的系数向量进行除法运算，与多项式乘法运算相似，deconv 函数的基本格式为：

$$[s, r] = deconv (v, u)$$

表示：多项式 v 除以 u，用向量的形式返回运算结果 s、r，其中 s 表示除法运算的商，而 r 表示余数。如多项式 m/p 的运算结果如下所示：

```
>> [s, r] = deconv (E, A)
s =
    1    0    8
r =
    0    0    0    0    0    0
    1
```

4. 求多项式的根

MATLAB 中可以利用 roots 函数来求解多项式的根，即多项式对应方程的解，其调用格式为 $r = roots(p)$。例如求上面多项式 $p=x^3-12x-16$ 的根：

```
>> A = [1 0-12-16];
>> r = roots (A)
r =
    4.0000
   -2.0000
   -2.0000
```

5. 已知多项式的全部根，求对应的多项式

MATLAB 不仅可以求解多项的根，还可以利用 poly 函数根据已知的多项的全部根逆推出相应的多项式。其调用格式为：$p = poly(r)$。例如根据前面求得多项式的根向量 r 求其对应的多项式：

```
>>F = poly (r)
F =
    1.0000   -0.0000   -12.0000   -16.0000
```

6. 求多项式的值

MATLAB 中可以利用 polyval 函数求多项式在某一参数下的值，其调用格式为：$y = polyval(p, x)$，表示求多项式 p 在 x 的每一个元素处的值 y。例如求多项式 $p=x^3-12x-16$ 在 x 分别等于 1、2 和 3 时的值：

```
>> A = [1 0 - 12 - 16];
>> x = [1 2 3];
>> y = polyval (A, x)
y =
   -27   -32   -25
```

7. 求多项式的导数

MATLAB 中可以利用 ployder 函数求多项式的导数，其调用格式为：$k = $ polyder (p)。例如求多项式 $p = x^3 - 12x - 16$ 的导数：

```
>> A = [1 0 -12 -16];
>> k = polyder (A)
k =
      3    0   -12
```

即多项式 p 的导函数为 $k = 3x^2 - 12$。

8.1.2 微积分数值运算

1. 数值微分

在 MATLAB 中，没有直接计算数值导数的函数，只有计算向前差分的 diff 函数。其调用格式为：

```
Y = diff(X)      % 计算向量 X 的向前差分
Y = diff(X, n)   % 计算向量 X 的 n 阶向前差分
```

例如求函数 $f(x) = \sin x$ 在区间 $[0, 2\pi]$ 之间以 0.001 为步长求一阶导数和二阶导数。

```
>> x = 0: 0.001: 2 * pi;
>> y = sin(x);
>> y1 = diff(y)/0.001;
>> y2 = diff(y1)/0.001;
>> plot(x(:, 1: length(y1)), y1,'r', x, y,'b', x(:, 1: length(y2)), y2,'k')
```

原函数及近似一阶、二阶导函数图像如图 8.1-1 所示。

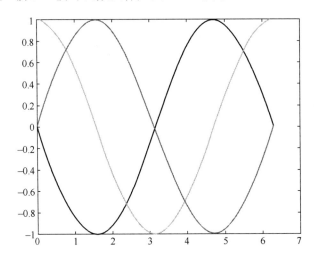

图 8.1-1　函数 $\sin x$ 的图像以及近似一阶导数、二阶导函数数图像

2. 数值积分

MATLAB 中，求解定积分的方法很多，如基于辛普生法的 quad 函数、基于牛顿-柯特斯法的 quadl 函数以及基于梯形法的 trapz 函数等。下面仅以基于辛普生法的 quad 函数为例来介绍 MATLAB 求定积分方法。

quad 函数的调用语句为：

184

```
[q, fcnt] = quad(fun, a, b, tol, trace)
```

其中：fun 为函数名，a 和 b 分别为积分的下限和上限。tol 用来控制积分精度，默认取 10^{-6}。trace 控制是否显示积分过程，默认为 0，不显示。fcnt 为被积函数调用次数。例如求下式的积分值：

$$\int_0^1 e^x + \sin x + x^2$$

首先，建立被积函数 M 文件：

```
function y = myfun(x)
y = exp(x) + sin(x) + x.^2;
```

其次，在命令窗口输入以下命令用 quad 函数求定积分：

```
>> [q, fcnt] = quad(@myfun, 0, 1)
q =
    2.5113
fcnt =
    13
```

至于其他求定积分函数如 quadl 函数、trapz 函数、dblquad 函数、triplequad 函数的用法，用户可以查看 MATLAB 的帮助系统，此处不再一一介绍。

8.1.3 方程组的数值解

1. 线性方程组求解

线性方程组的求解比较简单，可以直接通过矩阵的左除"\"实现，如解下面的方程组：

$$\begin{cases} 2x + y - z = 1 \\ x + 2z = 7 \\ -x + 2y - z = 0 \end{cases}$$

可以直接在 MATLAB 命令窗口输入：

```
>> A = [2 1 -1; 1 0 2; -1 2 -1];
>> B = [1; 7; 0];
>> x = A \ B
x =
    1
    2
    3
```

2. 非线性方程组求解

在 MATLAB 中，主要用 fsolve 函数解非线性方程组 F（x）＝0 的数值解，其调用的基本格式为：

```
x = fsolve (fun, x0, options)
```

其中 fun 为用户自定义的需求解的非线性方程组函数文件名。x0 为自己定义的计算初始值，由于 fosolve 函数是通过最小二乘法来求解非线性方程组，所以设置一个合理的初始值有利于非线性求解运算快速收敛。Options 为优化参数的设置，通过 optimset 函数来完成。

例如解下面非线性方程组：

$$\begin{cases} x_1^2 - x_2 + 2\,x_1 = 0 \\ x_1 + x_1\,x_2 - \dfrac{1}{x_1^2} = 3 \end{cases}$$

首先建立函数 M 文件 myfun. m：

function F = myfun(x)

F = [x(1)^2 - x(2) + 2 * x(1); x(1) + x(1) * x(2) - 1/x(1)^2 - 3]

再调用 fsolve 函数：

$>>$ **[x,y] = fsolve(@fxx,[1,1],optimset('Display','off'))**   % 不显示每步计算过程

```
        x =
          1.0000    3.0000
        y =
          1.0e - 07 *
          - 0.0745
           0.3229
```

上述方程组求解的结果为：$x_1 = 1, x_2 = 3$，从返回的 y 值可以看出，结果精度很高。

8.2　MATLAB 符号运算

MATLAB 除了能进行数值计算外，还具有强大的符号运算功能。符号运算无需对变量进行赋值，只需对符号变量进行预定义，MATLAB 就能给出以符号形式表示的结果。定义符号变量的方式有两种，如下所示：

$>>$ **syms a b**　%定义符号变量 a 和 b

$>>$ **c＝sym**（'**c**'）　%定义符号变量 c

8.2.1　求极限

MATLAB 中求极限使用 limit 函数，其调用格式如下：

```
    limit(expr,x,a)            % 当 x→a 时,对表达式 expr 取极限
    limit(expr,x,a,'left')        % 当 x→a 时,对表达式 expr 取左极限
```

例如：求极限 $\lim_{x\to 0} \dfrac{\sin x}{x}$

```
    >> syms x
    >> limit(sin(x)/x,x,0)
      ans =
        1
```

求极限 $\lim_{x\to 0} + \dfrac{1}{x}$

```
    >> syms x
    >> limit(1/x, x,0,'right')
    ans =
        Inf
```

8.2.2 微积分符号运算

1. 符号微分

在 MATLAB 中，符号微分函数与数值微分相同，都是利用 diff 函数。其调用格式如下：

```
Y = diff(f, t, n)
```

表示函数表达式 f 对自变量 t 的 n 次微分值。例如，求函数 $f(x, y) = \dfrac{x\, e^y}{y^2}$ 的偏导数，可以按如下操作：

```
>> syms x y
>> f = x * exp(y)/y^2;
>> diff (f, x)
ans =
exp(y)/y^2
>> diff(f, y)
ans =
(x * exp(y))/y^2 - (2 * x * exp(y))/y^3
```

即 $\dfrac{\partial f}{\partial x} = \dfrac{e^y}{y^2}$，$\dfrac{\partial f}{\partial y} = \dfrac{x\, e^y}{y^2} - \dfrac{2x\, e^y}{y^3}$。

2. 符号积分

在 MATLAB 中，可用 int 函数求函数的符号积分，其调用格式为：

```
int(f, t, a, b)
```

表示函数 f 在区间 [a, b] 内对自变量 t 的积分。

例如，求函数 $f(x) = x^3 + x\sin x + \cos 2x$ 的不定积分：

```
>> x = sym('x');
>> f = x^3 + x * sin(x) + cos(2 * x);
>> int(f)
  ans =
  sin(x) + cos(x) * sin(x) - x * cos(x) + x^4/4
```

求定积分 $\displaystyle\int_{-\infty}^{1} \dfrac{1}{x^2 + x - 1}dx$

```
>> x = sym ('x');
>> f = 1/(x^2 + 1);
>> int(f, - inf, inf)
ans =
pi
```

8.2.3 方程（组）的符号解

1. 代数方程求解

在 MATLAB 中，solve 函数主要用来解非线性方程的解析解，例如，求解一元二次标准方程：$ax^2 + bx + c = 0$ 的解，可按如下操作：

```
>> syms a b c x
>> sol = solve(a * x^2 + b * x + c == 0)
sol =
```

$$- (b + (b^2 - 4*a*c)^{(1/2)})/(2*a)$$
$$- (b - (b^2 - 4*a*c)^{(1/2)})/(2*a)$$

注意：在没有指定自变量的情况下，MATLAB 会默认自变量为 x，如果用户指定了自变量，则 MATLAB 会将其他变量视作常量，运算结果为指定自变量的解析解。比如，若将上面的方程看成是关于变量 a 的方程，则原来关于 x 的一元二次方程转化成关于变量 a 的一元一次方程，用 solve 函数求解，其运算结果如下：

>> **sola = solve(a * x^2 + b * x + c = = 0, a)**

sola =

$-(c + b*x)/x^2$

2. 常微分方程（组）求解

在 MATLAB 中，可以利用 dsolve 函数求解常微分方程的符号解，其基本调用格式为：

r = dsolve('eqns1,eqns2,... ', 'cond1,cond2,... ', 'v')

'eqns1，eqns2，... '为微分方程（组），'cond1，cond2，... '，是初始条件或边界条件，'v'是独立变量，默认的独立变量是't'。

1）一阶常微分方程的求解

求解一阶微分方程 $\dfrac{\mathrm{d}y}{\mathrm{d}x} = 1 + x^2$；$y\,(0) = 1$ 的解：

>> y = dsolve('Dy = 1 + x^2','y(0) = 1','x')

y =

(x * (x^2 + 3))/3 + 1

即该微分方程的解为：$y = \dfrac{x(x^2 + 3)}{3} + 1$

2）二阶常微分方程的求解

求解二阶微分方程 $y'' - 2y' - 3y = 0$ 的通解：

>> y = dsolve('D2y - 2 * Dy - 3 * y')

y =

C2 * exp(- t) + C1 * exp(3 * t)

即该微分方程的通解为：$y = C_2 \mathrm{e}^{-t} + C_1 \mathrm{e}^{3t}$，其中 C_1 和 C_2 为常量。当用 dsolve 函数求解微分方程未设置初始条件时，MATLAB 会默认求出其通解。

3）常微分方程组的求解

求解常微分方程组：

$$\begin{cases} \dfrac{\mathrm{d}x}{\mathrm{d}t} + 2x - \dfrac{\mathrm{d}y}{\mathrm{d}t} = 10\cos t, x\big|_{t=0} = 2 \\ \dfrac{\mathrm{d}x}{\mathrm{d}t} + \dfrac{\mathrm{d}y}{\mathrm{d}t} + 2y = 4\mathrm{e}^{-2t}, y\big|_{t=0} = 0 \end{cases}$$

在 MATLAB 中直接执行以下命令：

>> [X,Y] = dsolve('Dx + 2 * x - Dy = 10 * cos(t),Dx + Dy + 2 * y = 4 * exp(- 2 * t)','x(0) = 2,y(0) = 0','t')

X =

4 * cos(t) - 2 * exp(- 2 * t) + 3 * sin(t) - 2 * exp(- t) * sin(t)

Y =

$\sin(t) - 2*\cos(t) + 2*\exp(-t)*\cos(t)$

8.3 图形的基本操作与处理

数据的可视化是 MATLAB 的主要功能之一，它可以将大量原始的离散数据通过图形的形式直观简洁地表现出来。通过二维或三维绘图，并对图形线型、颜色、渲染、视角、数据标记等的控制，可以较形象地表现出数据的特征，便于找出变化规律。

8.3.1 图形窗口的设置

1. 创建图形窗口

用户可以使用 figure 命令创建图形窗口，其调用格式为：

figure (n)

表示使窗口 n 成为当前窗口，位于最上端并处于可视状态。如果窗口 n 不存在，则将创建一个句柄为 n 的图形窗口。

2. 定义子图形区域

如果想在一个绘图窗口创建几个绘图区域，可以使用 subplot 命令，其调用格式为：

subplot (m, n, p)

表示将图形窗口划分成 m 行 n 列的子图形区域，并将第 p 个区域设为当前绘图区域。子图形区域的编号是从左到右，从上到下进行的，如执行命令 subplot（2，3，5）得到的图形窗口如图 8.3-1 所示。

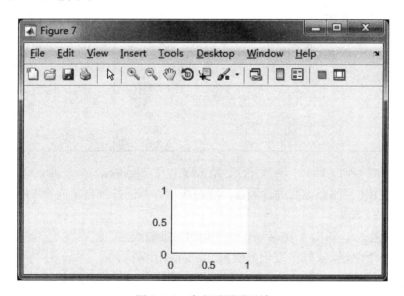

图 8.3-1 定义子图形区域

3. 清除图形窗口

可以使用 clf 命令可以清除当前图形窗口，其调用格式为：

clf 或 clf('reset')

两者的区别在于，前者表示删除当前窗口下所有可视句柄的图形对象，后者表示删除当前窗口下所有图形对象，不管句柄的可视化特性。

8.3.2 二维图形绘制

1. plot 函数

二维图形的绘制是 MATLAB 绘图的基础，也是平常使用最多的图形。在 MATLAB 中，plot 函数是最常用的绘图函数命令，主要用来绘制二维曲线。其常用的调用格式为

1）plot（X，Y）

以 X、Y 为轴绘制二维曲线。

若 X、Y 都为向量，则其必须等长，向量元素一一对应；

若 X、Y 都为矩阵，则矩阵尺寸必须相同，按矩阵的列取坐标数据绘图；

若 X、Y 一个为矩阵，另一个为向量，则矩阵的行数或列数至少有一个与向量的尺寸相同，X 和 Y 中尺寸相同的方向对应绘制曲线；

若 X、Y 一个为标量，另一个为矩阵或向量，则将绘制垂直 X 轴或垂直 Y 轴离散的点。

2）plot（X，Y，LineSpec）

设置线型、标记符和颜色等特性。在 MATLAB 中对线型、标记符号和颜色属性的设置符号如表 8.3-1 所示。

线型、颜色和标记符号选项　　　　　　　　　　表 8.3-1

线型符号	线型名称	标记符号	标记名称	颜色符号	颜色名称
—	实线	o	圆	y	黄色
– –	双画线	+	加号	m	品红色
:	虚线	*	星号	c	青色
-.	点画线	.	点	r	红色
		×	叉号	g	绿色
		s	方块	b	蓝色
		d	菱形	w	白色
		∧	向上三角符	k	黑色
		∨	向下三角符		
		>	向右三角符		
		<	向左三角符		
		p	五角星		
		h	六角形		

3）plot（X1，Y1，LineSpec1，...，Xn，Yn，LineSpecn）

在同一幅图中画多条曲线并设置各曲线的线型、标记符号和颜色等特性。

4）plot（Y）

以 Y 为纵坐标，画出 Y 随某一指数变化的二维曲线。

若 Y 为一个向量，x 轴的变化范围为[1，length(Y)]。

若 Y 为一个矩阵，则 plot 函数逐列绘图，绘出各列元素随着行编号变化的曲线。X 轴变化范围为[1，length(Y(:，1))]。

若 Y 是复数，则换出实部随虚部变化的图形，即 plot(real(Y)，imag(Y))。

2. 坐标轴控制

MATLAB 坐标轴的设置使用 axis 函数，其调用格式为：

```
axis([xmin xmax ymin ymax zmin zmax])        %设置坐标轴的范围

axis auto              % 坐标轴的刻度恢复为默认情况

axis equal             % 纵横坐标采用等长刻度
```

```
axis squal %      产生正方形坐标系,缺省时为矩形
axis on/off %     显示/隐藏坐标系
axis tight %      将坐标轴的范围设定为被绘制的数据的范围
axis ij        %坐标轴设为矩阵模式,水平从左到右取值,竖直从上到下取值
```

如果需要绘制具有两个坐标标度的图形,可以使用 plotyy 函数,其调用格式为:

$$\textbf{plotyy(x1, y1, x2, y2)}$$

其中 x1、y1 对应一条曲线,y1 值对应左纵坐标。x2、y2 对应一条曲线,y2 值对应右纵坐标,横坐标与 x1、x2 共用。

例如:用不同标度在同一坐标系内绘制曲线 $y_1 = 0.5\,\mathrm{e}^{-x}\sin4\pi x$ 和 $y_2 = 2\,\mathrm{e}^{-x}\sin\pi x$,执行程序如下:

```
>> x = 0:pi/100:2 * pi;
>> y1 = 0.5 * exp(-x). * sin(4 * pi * x);
>> y2 = 2 * exp(-x). * sin(pi * x);
>> plottyy(x, y1,x, y2)
```

运行结果如图 8.3-2 所示。

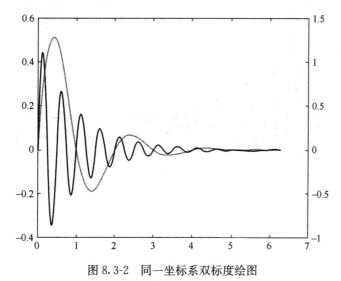

图 8.3-2　同一坐标系双标度绘图

3. 图形标注

要想清晰表达出一个图形的意义,有必要在图形上添加一些标注,如图形名称、坐标轴说明、图例以及图形某一部分的含义等等。在 MATLAB 中,常用的标注命令如表 8.3-2 所示。

常用的标注命令 　　　　　　　　　　　　　　　表 8.3-2

命令	说明
title (text)	标注图形标题
xlabel (str)	x 轴标签
ylabel (str)	y 轴标签
legend (str1, str2, ⋯)	增加图例
text (x, y, str)	为图形某点添加说明
gtext (str)	用鼠标给图形添加文本

例如：绘制曲线 $y = 4\,\mathrm{e}^{-x}\sin 2\pi x$ 及其包络线，并添加图例、标题、坐标轴标签以及函数说明。

执行命令如下：

```
>> x = [0:pi/100:2 * pi]';
>> y1 = 6 * exp( - x). * sin(4 * pi * x);
>> y2 = 6 * exp( - x) * [1, - 1];
>> plot(x,y1,' k - ',x,y2,' r:')
>> axis([0 2 * pi - 6 6]);
>> title('振荡衰减曲线');
>> legend('曲线 y','包络线');
>> xlabel('时间');
>> ylabel('振幅');
>> gtext(' y = 4 * e^ - ~x * sin(4\pix)');
```

执行结果如图 8.3-3 所示。

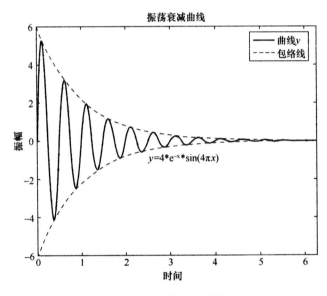

图 8.3-3　振荡衰减曲线

4. 其他二维函数

除了 plot 绘图函数以外，MATLAB 系统还提供了许多其他特殊二维绘图函数，如表 8.3-3 所示。

其他特殊二维绘图函数　　　　　表 8.3-3

函数名	图形	函数名	图形
stairs	阶梯图	bar	条形图
fill	填充图	stem	针状图
polar	极坐标图	quiver	向量场图
hist	累计图	rose	极坐标累计图
errorbar	图形上加误差范围	compass	罗盘图

各函数的具体用法，用户可以参照 MATLAB 的 help 系统。

8.3.3 三维图形的绘制

1. plot3 函数

三维曲线可以描述点在三维空间的变化情况，在 MATLAB 中，绘制三维图像最基本的函数为 plot3，他的用法与 plot 函数基本相似，调用格式为：

```
plot3(X1, Y1, Z1, LineSpec,...)
```

例如，绘制下面的三维螺旋曲线：

$$\begin{cases} y = \sin t \\ z = \cos t \end{cases}, 0 \leqslant t \leqslant 6\pi$$

执行以下命令：

```
>> t = 0:pi/50:6 * pi;
>> y = sin(t);
>> z = cos(t);
>> figure
>> plot3(y, z, t)
```

执行结果如图 8.3-4 所示。

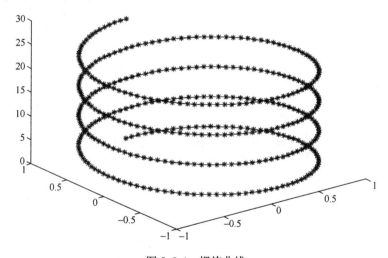

图 8.3-4　螺旋曲线

2. mesh 函数和 surf 函数

mesh 函数用于绘制三维网格图，在精度要求不高时，可以通过三维网格表示三维曲面。surf 函数用来绘制三维曲面图，各线条之间的面用颜色填充。两函数的调用格式基本一致，如下：

```
mesh(x, y, z, c)
surf(x, y, z, c)
```

其中：x、y 是网格坐标矩阵，z 是网格点上高度矩阵，c 用于指定不同高度的颜色范围，默认等于 z，即颜色变化正比于图形的高度。

分别用 mesh 函数和 surf 函数绘制 peak 曲面，执行以下命令：

```
>> [x,y,z] = peaks(50);
>> subplot(1,2,1);
>> mesh(x,y,z);
```

```
>> xlabel('x'),ylabel('y'),zlabel('z');
>> title('mesh绘图');
>> subplot(1,2,2);
>> surf(x,y,z);
>> xlabel('x'),ylabel('y'),zlabel('z');
>> title('surf绘图');
```

效果比较如图 8.3-5 所示。

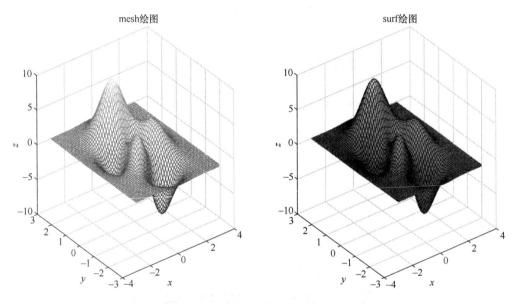

图 8.3-5   mesh 函数和 surf 函数绘图比较

3. 其他三维绘图函数

除了以上介绍的三维绘图函数以外，MATLAB 系统还提供了许多其他特殊三维绘图函数，如表 8.3-4 所示。

其他特殊三维绘图函数   表 8.3-4

函数名	图形	函数名	图形
bar3	三维条形图	patch	正方体网格图
fill3	三维填充图	stem3	三维针状图
contour3	三维等值线图	cylinder	三维柱面
sphere	球面		

函数的具体用法，用户可以参照 MATLAB 的 help 系统。

8.4   文件基本操作

MATLAB 中数据都是以文件的形式存放于计算机外部存储器上，如果想找到外部存储器上的数据，必须先按文件名找到指定的文件，再从文件中读取数据。要向外部存储器上存储数据也必须先建立一个以文件名为标识的文件，才能向它输出数据。文件数据格式有二种形式：二进制格式文件和 ASCII 文本文件，系统对这两类文件提供了不同的读写

功能函数

8.4.1　文件的打开与关闭

1. 打开文件

MATLAB 提供了 fopen 函数用于打开文件，并指定打开文件方式，其调用格式为：

$$\text{fileID} = \text{fopen(filename,permission)}$$

说明：其中 fileID 用于存储返回的文件句柄值，如果返回的句柄值大于 0，则说明文件打开成功。filename 为文件名，用字符串形式表示待打开的数据文件。Permission 为打开文件的方式，常见的打开方式如表 8.4-1 所示。

文件打开方式　　　　　　　　　　　　　　　　　　表 8.4-1

打开方式	说明
'r'	以只读方式打开
'w'	为写文件打开或创建文件，丢弃文件原有内容
'a'	打开或创建文件，在文件末尾添加内容
'r+'	打开文件用于读或写
'w+'	为读写打开或创建文件，丢弃原有文件内容
'a+'	为读写打开或创建文件，将写入的内容追加在文件末尾
'A'	为追加内容打开文件但不自动清除当前输出缓存
'W'	为写入内容打开文件但不自动清除当前输出缓存

fopen 函数默认以二进制格式打开文件，如果用户想以文本方式打开文件，可以在打开方式字符串后加字母"t"，如"wt"或"at＋"。

2. 关闭文件

文件在进行读、写等操作后，应及时关闭，以免数据丢失。MATLAB 中关闭文件用 fclose 函数，调用格式为：

$$\text{status} = \text{fclose (fileID)}$$

fileID 所表示的文件句柄。status 表示关闭文件操作的返回代码，若关闭成功，返回 0，否则返回 －1。如果要关闭所有已打开的文件用 fclose（'all'）。

8.4.2　文件读写操作函数

1. fwrite 函数

调用格式：

$$\text{count} = \text{fwrite(fileID,A,precision)}$$

返回的 count 为成功写入的数据元素个数（可缺省），fileID 为文件句柄，A 用来存放写入文件的数据，precision 代表数据精度，默认为 uchar（无符号字符格式），其他常用的数据精度有：char、int、long、float、double 等。

2. fread 函数

调用格式：

$$[\text{A, count}] = \text{fread(fileID, size, precision)}$$

A 是用于存放读取数据的矩阵、count 是返回所读取的数据元素个数、fileID 为文件句柄、size 为读取数量，默认读取整个文件内容。precision 用于控制所写数据的精度，其形式与 fwrite 函数相同。

3. fscanf 函数

调用格式：

$$[A, count] = fscanf (fileID, format, size)$$

其中 A 用来存放读取的数据，count 返回所读取的数据元素个数，fileID 为文件句柄，format 用来控制读取的数据格式，由%加上格式符组成。size 为可选项，决定矩阵 A 中数据的排列形式。

4. fprintf 函数

$$fprintf(fileID,format,A)$$

将数据按指定格式写入到文本文件中，fileID 为文件句柄，format 含义与 fscanf 相同，A 是用来存放数据的矩阵。

此外还有一些其他的文件读写函数，用 MATLAB 的 help 系统中有详细介绍。

例：计算 $x=0$：8 时 $f(x)=x^2+e^x$ 的值，将计算结果写入到文件 fx. txt 文件中，并从生成的 fx. txt 文件中读取数据，输出到命令窗口。

```
>> x = 0:10;
>> y = [x; x.^2 + exp(x)];
>> fileID = fopen('fx. txt','w');
>> fprintf(fileID,'%6.2f %12.8f\n',y);    %写入到 fx. txt 中
>> fclose(fileID);
>> fileID = fopen('fx. txt','r');
>> [A,count] = fscanf(fileID,'%f %f',[2 inf]);    %每行两个元素
>> fprintf(1,'%d %f\n',A);    %1 表示屏幕显示
```

运行结果：

```
0   1.000000
1   3.718282
2   11.389056
3   29.085537
4   70.598150
5   173.413159
6   439.428793
7   1145.633158
8   3044.957987
```

8.4.3 文件定位

1. fseek 函数

调用格式为：

$$status = fseek(fileID, offset, origin)$$

主要用来定位文件位置指针，其中 fileID 为文件句柄，offset 表示位置指针相对移动的字节数，若为正整数表示向后移动，若为负整数表示向前移动，origin 表示位置指针移动的参照位置，它的取值有三种可能：'cof'表示文件的当前位置，'bof'表示文件的开始位置，'eof'表示文件的结束位置。若定位成功 status 返回值为 0，否则返回值为-1。

2. ftell 函数

调用格式为：

$$position = ftell\ (Fid)$$

返回文件指针的当前位置，返回值为从文件开始到指针当前位置的字节数。若返回值为-1 表示获取文件当前位置失败。

3. feof 函数

调用格式为：

$$status = feof(fileID)$$

检测文件读取是否到文件末尾，fileID 为文件句柄。

4. frewind 函数

调用格式：

$$frewind\ (fileID)$$

将文件指针重新定位到文件开头，fileID 为文件句柄。

5. ferror 函数

调用格式：

$$message = ferror(fileID)$$

查询文件读写的错误信息，fileID 为文件句柄。

第9章 基于 MATLAB 软件的结构分析-矩阵位移法

矩阵位移法是以节点位移作为基本未知量,通过矩阵形式来求解结构响应的方法。相对于位移法而言,矩阵位移法可以处理大规模的杆件结构分析,因此需要用到 MATLAB 进行编程来完成求解。

9.1 单 元 刚 度 矩 阵

9.1.1 单元刚度矩阵定义

基于矩阵位移法的单元刚度矩阵主要是基于材料力学和弹性力学得到的,本节以一个简单的桁架结构为例来说明在 MATLAB 中如何输入单元刚度矩阵以及分析其性质。

1. 一维桁架单元

首先建立一维桁架单元的单元刚度矩阵(图 9.1-1),这里特别要注意与下一章有限单元法的区别。

单元刚度矩阵主要是建立的单元节点位移和节点力之间的关系,也就是图 9.1-2 中 $\mathbf{u} = \begin{bmatrix} u_1 \\ u_2 \end{bmatrix}$ 和 $\mathbf{F} = \begin{bmatrix} F_1 \\ F_2 \end{bmatrix}$ 之间的关系。

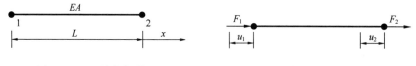

图 9.1-1 一维桁架单元　　　　图 9.1-2 单元节点位移和节点力

由于 $\mathbf{F}$ 和 $\mathbf{u}$ 都是向量,写成矩阵方程可以得到:

$$\begin{bmatrix} k_{11} & k_{12} \\ k_{21} & k_{22} \end{bmatrix} \begin{bmatrix} u_1 \\ u_2 \end{bmatrix} = \begin{bmatrix} F_1 \\ F_2 \end{bmatrix} \tag{9.1-1}$$

然后令 $u_1 = 1$, $u_2 = 0$ 可以得到

$$\begin{bmatrix} k_{11} & k_{12} \\ k_{21} & k_{22} \end{bmatrix} \begin{bmatrix} 1 \\ 0 \end{bmatrix} = \begin{bmatrix} k_{11} \\ k_{21} \end{bmatrix} = \begin{bmatrix} F_1 \\ F_2 \end{bmatrix} \tag{9.1-2}$$

所以刚度系数 k_{11} 和 k_{21} 分别为 $u_1 = 1$ 以及 $u_2 = 0$ 的时候所需要施加的节点力, 如图 9.1-3 所示, 通过材料力学可以容易求得 $F_1 = k_{11} = EA/L$, $F_2 = k_{21} = -EA/L$。这里 E 为弹性模量, A 为杆件横截面积, L 为杆件长度。

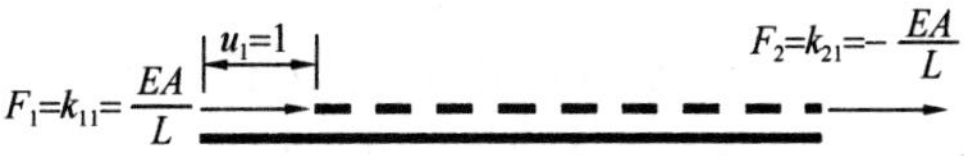

图 9.1-3　单元刚度系数

同理可得 $k_{12} = -EA/L$, $k_{22} = EA/L$

这样就得到了一维桁架单元的单元刚度矩阵:

$$K = \begin{bmatrix} EA/L & -EA/L \\ -EA/L & EA/L \end{bmatrix} \tag{9.1-3}$$

在 MATLAB 中输入命令如下:

```
>> K=[E*A/L,-E*A/L; -E*A/L,E*A/L];
```

或者

```
>> K=E*A/L*[1,-1; -1,1];
```

💡 提示

实际计算时需要先赋予 E, A 以及 L 具体数值。

2. 二维桁架单元

二维的桁架单元如图 9.1-4 所示。

图 9.1-4　二维桁架单元

采用和一维桁架单元类似的分析方法, 可以得到二维桁架单元的刚度矩阵如下:

$$K = \begin{bmatrix} EA/L & 0 & -EA/L & 0 \\ 0 & 0 & 0 & 0 \\ -EA/L & 0 & EA/L & 0 \\ 0 & 0 & 0 & 0 \end{bmatrix} \tag{9.1-4}$$

在 MATLAB 中输入命令如下:

```
>> K=E*A/L*[1,0,-1,0;0,0,0,0; -1,0,1,0;0,0,0,0];
```

9.1.2　单元刚度矩阵性质

下面结合前面得到的桁架结构单元刚度矩阵, 利用 MATLAB 软件来分析此矩阵的部分性质。因为要对矩阵进行计算分析, 所以需要赋予 E, A 和 L 具体数值, 这里取 E, A 和 L 都为 1, 输入如下的命令 (以一维桁架单元为例):

```
>> E=1;
>> A=1;
>> L=1;
```

```
>> K = E * A/L * [1, -1; -1,1];
```

这样就在 MATLAB 中建立了一个具体的单元刚度矩阵。首先，求一下此矩阵的特征值和特征向量，在 MATLAB 中对应的命令为 eig，借助于 help 或 doc 命令可以查看一下 eig 命令的具体使用方法和格式，这里直接给出求解命令如下：

```
>> [V,D] = eig(K);
```

得到如下的结果：

$$V = \begin{bmatrix} -0.7071 & -0.7071 \\ -0.7071 & 0.7071 \end{bmatrix}, D = \begin{bmatrix} 0 & 0 \\ 0 & 2 \end{bmatrix}$$

其中 V 为特征向量，D 为对应的特征值。具体的，单元刚度矩阵 K 有两个特征值 0 和 2，其对应的特征向量为 $[-0.7071; -0.7071]$ 和 $[-0.7071; 0.7071]$。从计算结果中可以看出，由于具有零特征值，单元刚度矩阵 K 是奇异的，也就是无法求得矩阵 K 的逆矩阵。而对于零特征值对应的特征向量 $[-0.7071; -0.7071]$ 可以看出，此时对应的是桁架单元两端的节点位移同向且相等，也就是单元产生了刚体平动。因此，对于刚度矩阵而言，如果存在零特征值，则存在刚体运动模式，从对应的特征向量中可以求解出具体的刚体运动模式。矩阵 K 的另一个特征值是大于零的，因此可以知道此矩阵是半正定的。

另一方面，矩阵是否奇异也可以从其行列式值看出，MATLAB 中相应的命令为 det，输入命令如下：

```
>> det(K)
```

给出的结果为 0，也同样说明了单元刚度矩阵 K 是奇异的。

💡 提示

从物理意义上也可以分析单元刚度矩阵是否奇异。因为未考虑边界条件，因此如图 9.1-3 所示的单元杆件没有任何约束。这样考虑单元刚度方程 (9.1-1)，如果单元刚度矩阵可逆，则给定节点荷载可以求出节点位移，但是在没有施加约束的情况下，显然无法求出给定节点荷载下的节点位移，因此单元刚度矩阵是奇异的。

从互等原理容易得出刚度矩阵 K 也是对称的，在 MATLAB 中可以用如下命令来判别矩阵 K 的对称性：

```
>> rank(K - K')
```

输出结果为 0，则证明矩阵 K 与其转置 K' 是相等的，因此矩阵 K 是对称的。或者采用 isequal 命令如下：

```
>> isequal(K,K')
```

输出结果为 1，则证明两个矩阵相等，因此矩阵 K 是对称的。

9.2 坐 标 旋 转 矩 阵

单元刚度矩阵都是在局部坐标系下给出的，当集成到整体刚度矩阵式，必然存在坐标系不一致的问题，这时就要用的坐标旋转矩阵。下面给出位移的坐标旋转矩阵公式，如图 9.2-1 所示为局部坐标和整体坐标。

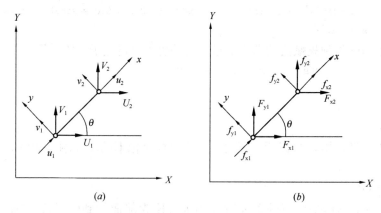

图 9.2-1 整体坐标与局部坐标

(a) 位移；(b) 力

对第一个节点，可以给出整体坐标 U_1，V_1 和局部坐标 u_1，v_1 之间的关系如下：

$$U_1 = u_1\cos\theta - v_1\sin\theta$$
$$V_1 = u_1\sin\theta + v_1\cos\theta$$

(9.2-1)

同理可以得到类似的第二个节点整体坐标和局部坐标之间的关系，将两个节点位移转换关系写成矩阵形式可以得到：

$$\begin{bmatrix} U_1 \\ V_1 \\ U_2 \\ V_2 \end{bmatrix} = \begin{bmatrix} \cos\theta & -\sin\theta & 0 & 0 \\ \sin\theta & \cos\theta & 0 & 0 \\ 0 & 0 & \cos\theta & -\sin\theta \\ 0 & 0 & \sin\theta & \cos\theta \end{bmatrix} \begin{bmatrix} u_1 \\ v_1 \\ u_2 \\ v_2 \end{bmatrix}$$

(9.2-2)

定义坐标转换矩阵 C 为：

$$C = \begin{bmatrix} \cos\theta & -\sin\theta & 0 & 0 \\ \sin\theta & \cos\theta & 0 & 0 \\ 0 & 0 & \cos\theta & -\sin\theta \\ 0 & 0 & \sin\theta & \cos\theta \end{bmatrix}$$

(9.2-3)

容易证明矩阵 C 为正交矩阵，因此满足 $C^T = C^{-1}$。

则对应于整体坐标和局部坐标下的位移向量满足如下关系：

$$\overline{d} = Cd$$

(9.2-4)

同样对应于整体坐标和局部坐标下的力向量满足如下关系：

$$\overline{f} = Cf$$

(9.2-5)

将式（9.2-4）和（9.2-5）代入单元刚度矩阵方程 $Kd = f$ 中可以得到：

$$KC^T\overline{d} = C^T\overline{f}$$

(9.2-6)

两边同时乘以 C 可以得到：

$$CKC^T\overline{d} = \overline{f}$$

(9.2-7)

因此在整体坐标和局部坐标下的单元刚度矩阵转化关系如下：

$$\overline{K} = CKC^T$$

(9.2-8)

在 MATLAB 中输入命令如下：

```
>> C = [cos(sita), - sin(sita),0,0;sin(sita),cos(sita),0,0;0,0,cos(sita), - sin(sita);…
0,0,sin(sita),cos(sita)];
```

注意这里 sita 为预先赋值的角度变量。另外也可以通过子矩阵采用如下方式定义 C。

```
>> C1 = [cos(sita), - sin(sita);sin(sita),cos(sita)];
>> C = zeros(4,4);
>> C(1:2,1:2) = C1;
>> C(3:4,3:4) = C1;
```

定义好坐标转换矩阵 C 以后，就可以得到整体坐标下的单元刚度矩阵，MATLAB 命令输入如下：

```
>> K_g = C * K * C';
```

其中 K＿g 为整体坐标下的单元刚度矩阵，K 为前面得到的局部坐标下的单元刚度矩阵。

提示

后面的变量定义中，多用 g 表示整体坐标下的变量，l 表示局部坐标下的变量。

9.3 整体刚度矩阵

基于前面关于单元刚度矩阵以及坐标转换矩阵的介绍，下面通过一个具体的实例来说明在 MATLAB 中如何进行整体刚度矩阵的集成。本节中的程序分为不采用循环和采用循环两种方式。不采用循环的语句便于理解，采用循环的语句便于进行大规模编程。

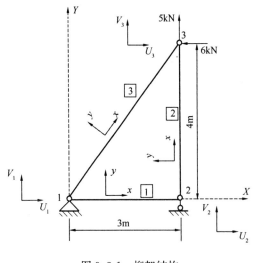

图 9.3-1　桁架结构

需要分析的桁架结构如图 9.3-1 所示，该结构共包含三个杆件，分成三个单元，单元编号如图中所示，下面就先根据前面介绍的内容分别建立这三个单元在整体坐标系下的单元刚度矩阵。

首先定义所需要的结构参数，这里注意三个单元的弹性模量 E 和截面面积 A 都是一样的，可以定义为标量。而单元长度是不同的，因此长度需要采用向量定义来区分不同的单元：

```
>> E = 2e10;
>> A = 2000e-4;
>> L = [3,4,5];
```

第一个单元局部坐标下的单元刚度矩阵定义如下：

```
>> K_1 = E * A/L(1) * [1,0, - 1,0;0,0,0,0; - 1,0,1,0;0,0,0,0];
```

第二个单元局部坐标下的单元刚度矩阵定义如下：

```
>> K_2 = E * A/L(2) * [1,0, - 1,0;0,0,0,0; - 1,0,1,0;0,0,0,0];
```

第三个单元局部坐标下的单元刚度矩阵定义如下：

```
>> K_3 = E * A/L(3) * [1,0, -1,0;0,0,0,0; -1,0,1,0;0,0,0,0];
```

如果采用循环的方式来定义，MATLAB命令如下：

```
>> for i = 1:3
>>     K(:,:,i) = E * A/L(i) * [1,0, -1,0;0,0,0,0; -1,0,1,0;0,0,0,0];
>> end
```

这里注意需要存储三个单元的刚度矩阵，因此需要用三维矩阵类似于书的方式来存储，第一页 K(:,:,1) 存储第一个单元刚度矩阵 E * A/L(1) * [1, -1; -1, 1]，第二页和第三页类似。

下一步需要把局部坐标下的单元刚度矩阵转换到整体坐标下，因此需要给出各个单元局部坐标系与整体坐标系的夹角，然后定义转换矩阵 C，通过式（9.2-8）得到整体坐标下的单元刚度矩阵。由于三个单元对应的角度是不同的，因此需要采用向量定义方式：

```
>> sita = [0,pi/2,atan(4/3)];
```

第一个单元整体坐标下的单元刚度矩阵如下：

```
>> C_1 = [cos(sita(1)), -sin(sita(1)),0,0;sin(sita(1)),cos(sita(1)),0,0;...      % ...表示续行
         0,0,cos(sita(1)), -sin(sita(1));0,0,sin(sita(1)),cos(sita(1))];
>> Kg_1 = C_1 * K_1 * C_1';
```

第二个单元整体坐标下的单元刚度矩阵如下：

```
>> C_2 = [cos(sita(2)), -sin(sita(2)),0,0;sin(sita(2)),cos(sita(2)),0,0;...
         0,0,cos(sita(2)), -sin(sita(2));0,0,sin(sita(2)),cos(sita(2))];
>> Kg_2 = C_2 * K_2 * C_2';
```

第三个单元整体坐标下的单元刚度矩阵如下：

```
>> C_3 = [cos(sita(3)), -sin(sita(3)),0,0;sin(sita(3)),cos(sita(3)),0,0;...
         0,0,cos(sita(3)), -sin(sita(3));0,0,sin(sita(3)),cos(sita(3))];
>> Kg_3 = C_3 * K_3 * C_3';
```

如果采用循环的方式定义，MATLAB命令如下：

```
>> for i = 1:3
>>     C(:,:,i) = p[cos(sita(i)), -sin(sita(i)),0,0;sin(sita(i)),cos(sita(i)),0,0;...
                   0,0,cos(sita(i)), -sin(sita(i));0,0,sin(sita(i)),cos(sita(i))];
>>     Kg(:,:,i) = C(:,:,i) * K(:,:,i) * C(:,:,i)';
>> end
```

这里定义的方式与前面采用循环定义的方式类似，变量也是采用前面循环方式定义的变量，在编写程序时可以将循环合并在一起。在本章后面的附录中会给成完整的程序。

定义好整体坐标下的单元刚度矩阵就需要进行整体刚度矩阵的集成，采用"对号入座"的方式将单元自由度与整体自由度相对应，然后集成到整体刚度矩阵对应的位置上。下面以第一个单元为例具体说明一下集成的步骤。结构整体自由度编号如图 9.3-1 所示，对应的整体位移向量为 $U = [U_1,V_1,U_2,V_2,U_3,V_3]^\mathrm{T}$。

从图中可以看出，第一个单元的四个自由度与整体坐标的前四个自由度是对应的。具体的，需要将第一个单元的单元刚度矩阵对应的集成到整体单元刚度矩阵的前四行和前四列的位置上，MATLAB命令如下所示：

```
>> KK_1 = zeros(6,6);
```

```
>> KK_1(1:4,1:4) = Kg_1;
```
　　同样的第二个单元集成命令如下：
```
>> KK_2 = zeros(6,6);
>> KK_2(3:6,3:6) = Kg_2;
```
　　第三个单元集成命令如下：
```
>> KK_3 = zeros(6,6);
>> KK_3([1,2,5,6],[1,2,5,6]) = Kg_3;
```
　　每个单元矩阵都集成到整体刚度矩阵以后，求和即可得到最后的整体刚度矩阵：
```
>> KK = KK_1 + KK_2 + KK_3;
```
　　如果采用循环的方式定义，则需要对每个单元对应于整体刚度矩阵的位置进行定义：
```
>> K_index = [1,2,3,4;3,4,5,6;1,2,5,6];
```
　　集成整体刚度矩阵如下：
```
>> KK = zeros(6,6);
>> for i = 1:3
>>   KK(K_index(i,:), K_index(i,:)) = KK(K_index(i,:), K_index(i,:)) + Kg(:,:,i);
>> end
```
　　在此循环中，当 $i=1$，2，3 时，对应的单元刚度矩阵被加到了整体刚度矩阵对应的位置中，完成了整体刚度矩阵的集成。

　　同单元刚度矩阵类似，可以分析一下整体刚度矩阵的性质：
```
>> [V,D] = eig(KK)
```
　　从结果中可以看出整体刚度矩阵具有三个零特征值，对应的是三个刚体运动模式，具体的刚体运动模式可以从特征向量中得出。

9.4　问　题　求　解

　　建立了整体刚度矩阵以后，就可以写出如下的整体刚度方程：
$$KK \times U = F \tag{9.4-1}$$
这里 U 为整体的位移向量，包含结构的六个自由度，即 $U = [U_1, V_1, U_2, V_2, U_3, V_3]^{\mathrm{T}}$。$F$ 为整体的荷载向量，为对应六个自由度上的荷载，即 $F = [F_{u1}, F_{v1}, F_{u2}, F_{v2}, F_{u3}, F_{v3}]^{\mathrm{T}}$。

　　根据此方程，可以看出如果可以求解 KK 的逆，就可以得到荷载作用下的未知位移。然而根据前面求解 KK 特征值的结果可以看出，矩阵 KK 是不可逆的。这也符合其物理意义，因为目前没有对结构赋予任何的边界条件，结构相当于不受约束，存在三个刚体位移模式，由荷载无法直接确定结构的未知位移。所以下一步需要加入边界条件来进一步对问题进行求解。

　　考虑边界条件主要是对于整体位移向量和力向量进行处理。首先考虑整体位移向量，加入边界条件以后六个自由度对应的位移并不全是未知的，容易从结构的约束条件看出第 1，2，4 自由度对应的位移是边界条件，因此位移为 0，整体位移向量此时为 $U = [0, 0_1, U_2, 0, U_3, V_3]^{\mathrm{T}}$。整体的荷载向量中，第 1，2，4 自由度对应的支座反力，属于未知力，第 3，5，6 自由度对应的外荷载，属于已知荷载，易得出其对应的荷载为 0，$-6\mathrm{kN}$，$5\mathrm{kN}$，整体里向量此时为 $F = [F_{u1}, F_{v1}, 0, F_{v2}, -6, 5]^{\mathrm{T}}$。这样结构整体力位移关系为：

$$[KK]_{6\times6}\begin{bmatrix} 0 \\ 0 \\ U_2 \\ 0 \\ U_3 \\ V_3 \end{bmatrix} = \begin{bmatrix} F_{u1} \\ F_{v1} \\ 0 \\ F_{v2} \\ -6 \\ 5 \end{bmatrix} \tag{9.4-2}$$

这里为了便于处理，将位移和力向量中第三和第四个元素进行互换。这时为了保证方程不发生变化，矩阵 KK 中的第三行和第四行，第三列和第四列也需要进行互换。MAT-LAB 命令如下：

行互换：

```
>> temp = KK(3,:);
>> KK(3,:) = KK(4,:);
>> KK(4,:) = temp;
```

列互换：

```
>> temp = KK(:,3);
>> KK(:,3) = KK(:,4);
>> KK(:,4) = temp;
```

矩阵 KK 行列互换以后可以得到如下方程：

$$[KK']_{6\times6}\begin{bmatrix} 0 \\ 0 \\ 0 \\ U_2 \\ U_3 \\ V_3 \end{bmatrix} = \begin{bmatrix} F_{u1} \\ F_{v1} \\ F_{v2} \\ 0 \\ -6 \\ 5 \end{bmatrix} \tag{9.4-3}$$

为了便于推导，采用分块矩阵的形式可以写为：

$$\begin{bmatrix} KK_{BF} & KK_{FB} \\ KK_{BF} & KK_{FF} \end{bmatrix}\begin{bmatrix} U_B \\ U_F \end{bmatrix} = \begin{bmatrix} F_B \\ F_F \end{bmatrix} \tag{9.4-4}$$

这里 KK_{BB}，KK_{FB}，KK_{BF}，KK_{FF} 均为已知的 3×3 矩阵；$U_B = [0,0,0]^T$，$U_F = [U_2,U_3,V_3]^T$，$F_B = [F_{u1},F_{v1},F_{v2}]^T$，$F_F = [0,-6,5]^T$。

将方程（9.4-4）按子矩阵乘法展开可以得到如下两个方程：

$$KK_{BF}U_B + KK_{FB}U_F = F_B \tag{9.4-5}$$

$$KK_{BF}U_B + KK_{FF}U_F = F_F \tag{9.4-6}$$

第一个方程中包含 U_F 和 F_B 两个未知向量，因此无法求解。第二个方程中只包含 U_F 这个未知向量，因此可以求解：

$$U_F = KK_{FF}^{-1}(F_F - KK_{BF}U_B) \tag{9.4-7}$$

因为 $U_B = [0,0,0]^T$，所以方程（9.4-7）可以简化为：

$$U_F = KK_{FF}^{-1}F_F \tag{9.4-8}$$

对应求解的 MATLAB 命令如下：

```
>> ff = [0; -6;5];
>> uf = inv(KK(4:6,4:6)) * ff;
```
求出未知的位移向量 uf 以后，可以利用方程（9.4-5）求出支座反力：

$$F_B = KK_{BF}U_B + KK_{FB}U_F = KK_{FB}U_F$$

对应求解的 MATLAB 命令如下：
```
>> fb = KK(4:6,1:3) * uf;
```
以上的分析步骤中，行列互换稍显繁琐，这里可以简化一下，首先分析一下行列互换的具体过程（图 9.4-1）。

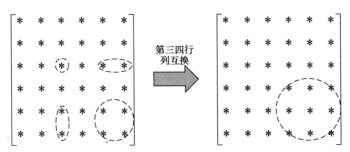

图 9.4-1 整体刚度矩阵行列互换分析

图 9.4-1 中第一个矩阵就是互换前的矩阵，第二个矩阵就是互换后的矩阵。前面对于位移求解（式（9.4-8））就是提取了互换后矩阵的右下子矩阵并求逆。那么在互换后的这个子矩阵在原矩阵中的什么位置呢？从图中可以清楚地看出在互换前所需要求逆的子矩阵对应的元素位置，因此可以不进行行列互换，而直接基于原矩阵进行分析（下面注意程序中的整体刚度矩阵 KK 是行列互换前的）：
```
>> ff = [0; -6;5];
>> uf = inv(KK([3,5,6],[3,5,6])) * ff;
```

9.5 单 元 内 力

求解出结构的未知位移以后，和边界条件一起就可以得到所有自由度的位移，对应的结构整体位移向量如下：
```
>> U = zeros(6,1);
>> U([3,5,6]) = uf;
```
得到结构的整体位移向量以后，就可以得到各个单元的节点位移，然后通过节点的刚度方程求出节点力（对应的就是单元内力）。具体的，以第三个单元为例，第三个单元的两个节点中的四个自由度对应于整体自由度中为第 1，2，5，6 个自由度位移，因此可以通过以下命令提取相应位置的位移得到单元节点位移：
```
>> U3 = U([1,2,5,6]);
```
注意这里得到的节点位移是属于整体坐标系的，因此如果用此位移来计算单元内力，应该采用的单元刚度矩阵也是整体坐标系下的，得到的单元内力也是基于整体坐标系的（这里的单元刚度矩阵采用循环方式对应的结果）：
```
>> F3_g = Kg(:,:,3) * U3;
```

这样得到的单元内力是基于整体坐标系的，因此给出的结果分别是沿水平和竖直方向的单元内力，不便于对于杆件进行分析。因此还需要将得到的整体坐标系下的单元内力转化到局部坐标系下：

```
>> F3_l = C(:,:,3)' * F3_g;
```

这样得到的单元内力是基于局部坐标系的，因此对应的结果可以很清楚地看出杆件内力为压力10N。

或者先将位移由整体坐标系变换到局部坐标系中，然后用单元刚度方程得到单元内力，注意这里采用的单元刚度矩阵是局部坐标系下的，对应的 MATLAB 命令为：

```
>> U3_l = C(:,:,3)' * U3;
>> F3_l = K(:,:,3) * U3_l;
```

得到的结果与前面的方法是一致的。

💡 **提示**

- -

注意这两个刚度方程中采用单元刚度矩阵的差别，理解整体坐标系和局部坐标系之间的转换关系。

- -

附录1：（不采用循环的程序）

```
>> E = 2e10;
>> A = 2000e - 4;
>> L = [3,4,5];
>> K_1 = E * A/L(1) * [1,0, -1,0;0,0,0,0; -1,0,1,0;0,0,0,0];
>> K_2 = E * A/L(2) * [1,0, -1,0;0,0,0,0; -1,0,1,0;0,0,0,0];
>> K_3 = E * A/L(3) * [1,0, -1,0;0,0,0,0; -1,0,1,0;0,0,0,0];
>> sita = [0,pi/2,atan(4/3)];
>> C_1 = [cos(sita(1)), -sin(sita(1)),0,0;sin(sita(1)),cos(sita(1)),0,0;···
        0,0,cos(sita(1)), -sin(sita(1));0,0,sin(sita(1)),cos(sita(1))];
>> Kg_1 = C_1 * K_1 * C'_1;
>> C_2 = [cos(sita(2)), -sin(sita(2)),0,0;sin(sita(2)),cos(sita(2)),0,0;···
        0,0,cos(sita(2)), -sin(sita(2));0,0,sin(sita(2)),cos(sita(2))];
>> Kg_2 = C_2 * K_2 * C_2';
>> C_3 = [cos(sita(3)), -sin(sita(3)),0,0;sin(sita(3)),cos(sita(3)),0,0;···
        0,0,cos(sita(3)), -sin(sita(3));0,0,sin(sita(3)),cos(sita(3))];
>> Kg_3 = C_3 * K_3 * C_3';
>> KK_1 = zeros(6,6);
>> KK_1(1:4,1:4) = Kg_1;
>> KK_2 = zeros(6,6);
>> KK_2(3:6,3:6) = Kg_2;
>> KK_3 = zeros(6,6);
>> KK_3([1,2,5,6],[1,2,5,6]) = Kg_3;
```

```
>> KK = KK_1 + KK_2 + KK_3;
>> ff = [0; -6;5];
>> uf = inv(KK([3,5,6],[3,5,6])) * ff;
>> U = zeros(6,1);
>> U([3,5,6]) = uf;
>> U3 = U([1,2,5,6]);
>> F3_g = Kg_3 * U3;
>> F3_l = C_3' * F3_g;
```

附录 2：（基于循环的程序）

```
>> E = 2e10;
>> A = 2000e-4;
>> L = [3,4,5];
>> sita = [0,pi/2,atan(4/3)];
>> for i = 1:3
>>     K(:,:,i) = E * A/L(i) * [1,0, -1,0;0,0,0,0; -1,0,1,0;0,0,0,0];
>> end
>> for i = 1:3
>>     C(:,:,i) = [cos(sita(i)), -sin(sita(i)),0,0;sin(sita(i)),cos(sita(i)),0,0;...
                    0,0,cos(sita(i)), -sin(sita(i));0,0,sin(sita(i)),cos(sita(i))];
>>     Kg(:,:,i) = C(:,:,i) * K(:,:,i) * C(:,:,i)';
>> end
>> K_index = [1,2,3,4;3,4,5,6;1,2,5,6];
>> KK = zeros(6,6);
>> for i = 1:3
>>     KK(K_index(i,:), K_index(i,:)) = KK(K_index(i,:), K_index(i,:)) + Kg(:,:,i);
>> end
>> ff = [0; -6;5];
>> uf = inv(KK([3,5,6],[3,5,6])) * ff;
>> U = zeros(6,1);
>> U([3,5,6]) = uf;
>> U3 = U([1,2,5,6]);
>> F3_g = Kg(:,:,3) * U3;
>> F3_l = C(:,:,3)' * F3_g;
```

第10章 基于 MATLAB 软件的结构分析-有限单元法

⬠ 本章重点

1. 掌握有限单元法的基本步骤。
2. 掌握 MATLAB 进行有限单元法求解的编程方法。
3. 了解有限单元法和矩阵位移法求解问题的异同。

矩阵位移法在处理简单的杆系结构时，可以较容易得到杆件的单元刚度矩阵，然后进行整体刚度集成。然而当处理复杂结构时，矩阵位移法就有一定的局限性，这时就需要采用有限单元法。

10.1 基 本 理 论

与矩阵位移法不同，有限单元法首先进行单元位移函数假设，然后通过弹性力学的基本方程和理论得到单元刚度矩阵，集成整体刚度矩阵部分基本上与矩阵位移法相同。下面主要基于有限单元法针对前面桁架单元的单元刚度矩阵进行推导：

待分析的单元如图 10.1-1 所示，需要建立节点力 F_1、F_2 与节点位移 u_1、u_2 之间的关系。首先假设桁架单元的位移函数。由于已知位移只有两个节点位移，因此假设的位移模式中只能包含两个未知量，本章采用如下的线性函数假设：

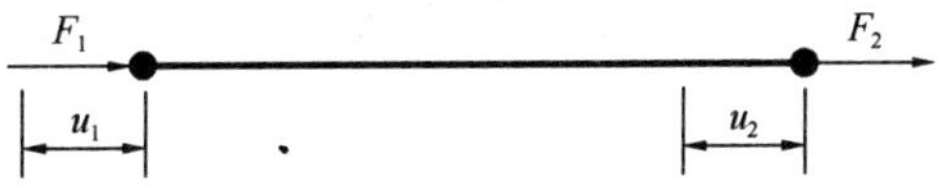

图 10.1-1 一维桁架单元

$$u(x) = a_1 + a_2 x \tag{10.1-1}$$

其中 $u(x)$ 为单元的位移分布；a_1 和 a_2 为未知参数，需要利用已知条件来确定。已知两个节点位移为：$x = 0$，$u(0) = a_1 + a_2 \times 0 = a_1 = u_1$；$x = L$，$u(L) = a_1 + a_2 \times L = u_2$。联立这两个方程就可以得到未知参数 a_1 和 a_2 为：

$$a_1 = u_1 \tag{10.1-2}$$

$$a_2 = (u_2 - u_1)/L \tag{10.1-3}$$

代入所假设的位移模式（10.1-1）中可以得到：

$$u(x) = u_1 + \frac{u_2 - u_1}{L}x \tag{10.1-4}$$

整理得：

$$u(x) = \left(1 - \frac{x}{L}\right)u_1 + \frac{x}{L}u_2 \tag{10.1-5}$$

写成矩阵形式为：

$$u(x) = \begin{bmatrix} N_1(x) & N_2(x) \end{bmatrix} \begin{Bmatrix} u_1 \\ u_2 \end{Bmatrix} = \mathbf{N}(x)\mathbf{d} \qquad (10.1\text{-}6)$$

这里 $N_1(x) = 1 - \dfrac{x}{L}$，$N_2(x) = \dfrac{x}{L}$；$\mathbf{d} = \begin{bmatrix} u_1 \\ u_2 \end{bmatrix}$ 为节点位移。

通过方程（10.1-6）就得到了单元位移与杆端位移之间的关系，然后在通过弹性力学中的几何方程可以得到单元应变和杆端位移之间的关系：

$$\begin{aligned}
\varepsilon &= \frac{\mathrm{d}u}{\mathrm{d}x} = \left[\frac{\mathrm{d}}{\mathrm{d}x}\right]u(x) \\
&= \left[\frac{\mathrm{d}}{\mathrm{d}x}\right]\left[1-\frac{x}{L} \quad \frac{x}{L}\right]\mathbf{d} \\
&= \left[-\frac{1}{L} \quad \frac{1}{L}\right]\mathbf{d} = \mathbf{Bd}
\end{aligned} \qquad (10.1\text{-}7)$$

这里 $\mathbf{B} = \left[-\dfrac{1}{L} \quad \dfrac{1}{L}\right]$。

这样就得到了单元应变和杆端位移之间的关系。通过弹性力学中的本构方程可以得到单元应力和杆端位移之间的关系：

$$\sigma = E\varepsilon = D\varepsilon = E\mathbf{Bd} == \left[-\frac{E}{L} \quad \frac{E}{L}\right]\mathbf{d} \qquad (10.1\text{-}8)$$

提示

矩阵 D 是建立应力和应变之间的联系。本章中矩阵 D 就是弹性模量 E，在后面也会多次用到。

最后通过虚位移原理可以得到单元刚度矩阵的表达式为：

$$\begin{aligned}
K_e &= \iiint_V \mathbf{B}^{\mathrm{T}} D\mathbf{B} dV = A\int_L \mathbf{B}^{\mathrm{T}} E\mathbf{B} \mathrm{d}x \\
&= A\int_L \left[-\frac{1}{L} \quad \frac{1}{L}\right]^{\mathrm{T}} E\left[-\frac{1}{L} \quad \frac{1}{L}\right]\mathrm{d}x \\
&= A\int_L \begin{bmatrix} \dfrac{E}{L^2} & -\dfrac{E}{L^2} \\ -\dfrac{E}{L^2} & \dfrac{E}{L^2} \end{bmatrix}\mathrm{d}x \\
&= \begin{bmatrix} \dfrac{EA}{L} & -\dfrac{EA}{L} \\ -\dfrac{EA}{L} & \dfrac{EA}{L} \end{bmatrix}
\end{aligned} \qquad (10.1\text{-}9)$$

从最后推导的结果可以看出得到了和矩阵位移法相同的结果，但是从过程上来看比矩阵位移法要复杂一些，那么有限单元法的优点究竟体现在何处？下面通过一个具体的例子来分析一下有限单元法与矩阵位移法求解问题时的优劣。

10.2 分 析 实 例

例题：如图 10.2-1 所示为一个承受拉力的杆件，因只考虑其轴向变形，所以可以近似地将此结构作为桁架结构来分析。该结构包含两段，第一段长度为 L，弹性模量和横截

面积为 E 和 A；第二段长度为 L，弹性模量为 E，横截面积为 $\left(\frac{x}{L}\right)^2 A$。边界条件一端为固定端，另一端受轴向荷载 F。基于前面的假设，下面采用桁架单元来分析此结构。

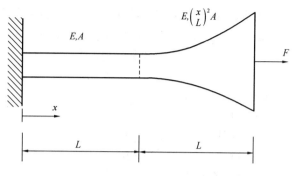

图 10.2-1　承受轴向荷载作用的杆件

10.2.1　解析解

首先采用弹性力学方法来求得此问题的解析解，通过弹性力学基本理论可以得到如下的微分方程：

$$EA\frac{\mathrm{d}u}{\mathrm{d}x} = F \tag{10.2-1}$$

此方程对于第一段和第二段结构都是成立的，两段的不同之处是横截面积和边界条件。首先求解第一段，其横截面积为 A，边界条件为 $u\,|_{x=0} = 0$，通过求解微分方程 (10.2-1) 容易得到解为：

$$u(x) = \frac{Fx}{EA} \tag{10.2-2}$$

这个解与材料力学的解答是一样的。

然后求解第二段，其横截面积为 $\left(\frac{x}{L}\right)^2 A$，边界条件为 $u\,|_{x=L} = \frac{FL}{EA}$，与上一段类似也是求解微分方程 (10.2-1) 来得到最后的位移，不过此时横截面积 A 需要改为 $\left(\frac{x}{L}\right)^2 A$，这样对于第二段微分方程求解较为复杂，可以采用 MATLAB 符号工具箱来求解：

```
>> syms E A L F x      % 定义符号变量 E, A, L, F, x
>> dsolve('E*(x/L)^2*A*Du-F=0','u(L)=F*L/E/A','x')
```

这里 dsolve 命令用于求解微分方程的解析解，第一个输入为待求微分方程，其中 D 表示微分算子 $\frac{\mathrm{d}}{\mathrm{d}x}$，第二个输入为边界条件（也可以不定义），第三个输入为微分方程中的自变量。

输出的结果为：

```
ans =
(2*F*L*exp(-1))/A - (F*L^2*exp(-1))/(A*x)
```

对应的解为：

$$u(x) = \frac{2FL}{EA} - \frac{FL^2}{EAx} \tag{10.2-3}$$

 提示

MATLAB 将符号变量 E 考虑为自然常数 e，因此给出了 exp (-1) 也就是 1/E。

下面通过赋予参数具体数值来画一下此结构的变形曲线。这里取 $E=2e10Pa$，$A=1000mm^2$，$L=1m$，$F=100kN$。代入式（10.2-2）和式（10.2-3），可以得到位移函数的解析解，相应的 MATLAB 命令为：

```
>> E = 2e10;A = 1000e - 6;L = 1;F = 100e3;
>> x1 = 0:0.01:1;
>> u1 = F * x1/E/A;
>> x2 = 1:0.01:2;
>> u2 = 2 * F * L/E/A - F * L^2/E/A. /x2;
>> plot([x1,x2],[u1,u2])
```

通过以上命令可以得到位移曲线，下面对得到的图形进行修改便于显示（图 10.2-2）：

```
>> xlabel('\fontsize{20} 横坐标')          % 加入 x 轴名称,并定义字体大小
>> ylabel('\fontsize{20} 位移/m')          % 加入 y 轴名称,并定义字体大小
>> set(gca,'fontsize',20)                  % 定义坐标轴字体大小
```

💡 提示

命令 u2=2 * F * L/E/A—F * L^2/E/A. /x2;中的除法部分定义为 . /，因为如果除数是向量，则常规除法/相当于求逆，与要实现的运算不符。因此采用 . /进行元素运算，也就是对于向量中的每个元素进行相应的运算。

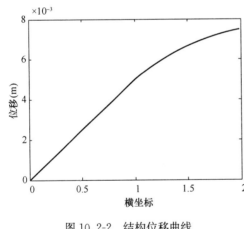

图 10.2-2　结构位移曲线

10.2.2　矩阵位移法

下面采用前一章的矩阵位移法来求解上述问题。对于此桁架结构，根据横截面积的变化规律，首先考虑分为两段。第一段为常截面，且只考虑 x 方向变形，采用 1 维桁架单元即可，单元刚度矩阵定义如下：

```
>> E = 2e10;A1 = 1000e - 6;L = 1;F = 100e3;
>> k1 = E * A1/L * [1, - 1; - 1,1];
```

第二段为变截面，由于矩阵位移法给出的单元刚度矩阵不能输入变化的面积，因此这里需要进行近似，可以考虑两个端部面积的平均值或杆件中点处的面积，这里采用杆件中点处的面积：

```
>> A2 = (1.5)^2 * A;
>> k2 = E * A2/L * [1, - 1; - 1,1];
```

定义好单元的刚度矩阵以后需要进行整体刚度矩阵集成，此结构包含 3 个节点，每个节点有 1 个自由度（x 方向），因此整体刚度矩阵是 3×3 的矩阵。第一个单元的两个自由度集成到整体刚度矩阵的第 1，2 个自由度中，第二个单元的两个自由度集成到整体刚度矩阵的

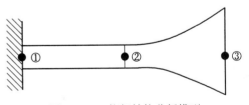

图 10.2-3　桁架结构分析模型

第 2，3 个自由度中，对应的 MATLAB 命令如下：

提示

注意本例中由于单元局部坐标系与整体坐标系的方向是一致的，都是 x 方向，因此无需进行坐标转换。

```
>> K1 = zeros(3,3);
>> K1(1:2,1:2) = k1;
>> K2 = zeros(3,3);
>> K2(2:3,2:3) = k2;
>> K = K1 + K2;
```

此时得到的整体刚度矩阵是奇异的，还需要引入边界条件。同前一章所述，整体刚度矩阵 K 需要根据边界条件进行分块，本例中 K 矩阵的 2，3 自由度对应的待求位移，因此求解过程如下：

```
>> FF = [0;F];
>> u = inv(K(2:3,2:3)) * FF
```

计算结果如下：

```
u =
    0.0050
    0.0072
```

这里得到的 u 分别为节点 2 和节点 3 的位移。为了与前面得到的位移解析解进行比较，需要由此节点位移得到单元位移。这里采用的是矩阵位移法，其单元刚度矩阵是基于材料力学的基本假设得到的，因此单元内位移分布也与材料力学解一致，也就是说单元内位移分布为线性函数，以下为采用 MATLAB 对于矩阵位移法得到的位移进行绘制：

```
>> x1 = 0:0.01:1;
>> u1 = u(1) * x1;       % 已知两节点位移的条件下构造第一段的线性位移分布
>> x2 = 1:0.01:2;
>> u2 = u(1) * (2 - x2) + u(2) * (x2 - 1)    % 已知两节点位移的条件下构造第二段的线性位移分布
>> plot([x1,x2],[u1,u2])
```

为了与解析解进行比较，加入以下绘制解析解的语句：

```
>> E = 2e10;A = 1000e - 6;L = 1;F = 100e3;
>> x1 = 0:0.01:1;
>> u1 = F * x1/E/A;
>> x2 = 1:0.01:2;
>> u2 = 2 * F * L/E/A - F * L^2/E/A ./x2;
>> hold on
>> plot([x1,x2],[u1,u2],'r:')            % 加入参数 r 表示绘制颜色为红色,:表示虚线
>> xlabel('\fontsize{20} 横坐标')
>> ylabel('\fontsize{20} 位移/m')
>> set(gca,'fontsize',20)
>> legend('\fontsize{20} 矩阵位移法','\fontsize{20} 解析解')       % 加入图例说明
```

绘制结果如图 10.2-4 所示，从图中可以看出第一段由于是常截面，因此矩阵位移法求解结果与解析解一致；而对于第二段，由于是变截面，因此矩阵位移法中对面积进行了近似处理，造成与解析解的不同。为了提高精度，可以采用划分多个单元的方式。下面对于第二段划分为两个单元进行分析：

如图 10.2-5 所示在第二段的中点又增加了一个节点，将第二段分成了两个单元。这样结构总共包含三个单元，整体刚度矩阵包含四个自由度，具体求解步骤与前面类似（其中第 2 个单元和第 3 个单元面积仍然取各自中点的面积），这里不再赘述。MATLAB 求解程序如下（本章例题较为简单，为了便于理解不采用循环的方式进行编程，如采用循环参考上一章做法）：

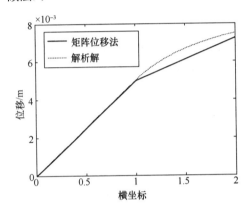

图 10.2-4　位移对比结果　　　　图 10.2-5　桁架结构分析模型

```
>> E = 2e10;A1 = 1000e - 6;L = 1;F = 100e3;
>> k1 = E * A1/L * [1, - 1; - 1,1];
>> A2 = (1.25)^2 * A;                    % 第 2 个单元中点面积
>> k2 = E * A2/(L/2) * [1, - 1; - 1,1];
>> A3 = (1.75)^2 * A;                    % 第 3 个单元中点面积
>> k3 = E * A3/(L/2) * [1, - 1; - 1,1];
>> K1 = zeros(4,4);
>> K1(1:2,1:2) = k1;
>> K2 = zeros(4,4);
>> K2(2:3,2:3) = k2;
>> K3 = zeros(4,4);
>> K3(3:4,3:4) = k3;
>> K = K1 + K2 + K3;
>> FF = [0;0;F];
>> u = inv(K(2:4,2:4)) * FF
```

得到的结果如下：

```
u =
    0.0050
    0.0066
    0.0074
```

这里得到的是三个节点位移，如前所述基于线性位移假设可以得到整个结构的位移分布，MATLAB 程序如下：

```
>> x1 = 0:0.01:1;
>> u1 = u(1) * x1;
>> x2 = 1:0.01:1.5;
>> u2 = u(1) * (1.5 - x2) * 2 + u(2) * (x2 - 1) * 2;
>> x3 = 1.5:0.01:2;
>> u3 = u(2) * (2 - x3) * 2 + u(3) * (x3 - 1.5) * 2;
>> plot([x1,x2,x3],[u1,u2,u3])
```

与解析解的对比结果如图 10.2-6 所示（程序与前面类似），从图中可以看出通过增加单元数目可以提高近似精度。

以上的分析对于第二段都是采用的近似处理方法，那么能否通过矩阵位移法得到方程的精确解呢？这就需要对于第二段的单元刚度矩阵进行分析。前面的分析都是采用常截面单元对于第二段进行近似处理，肯定存在误差。如果要得到精确解，就需要直接分析变截面单元来得到单元刚度矩阵。与图 9.1-3 类似，可以得到如图 10.2-7 所示：k_{11} 和 k_{21} 为节点 1 产生单位位移在节点 1 和节点 2 处所需要施加的力。求解所需要施加的力需要用到弹性力学的原理，如前所述杆件所满足的微分方程如下：

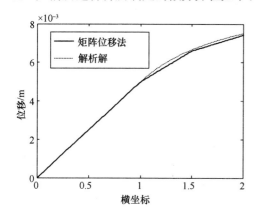

图 10.2-6　位移对比结果

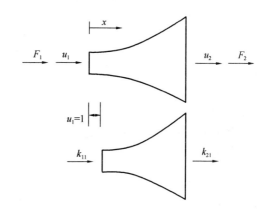

图 10.2-7　变截面单元刚度系数

$$E \left(\frac{x+L}{L} \right)^2 A \frac{\mathrm{d}u}{\mathrm{d}x} = -k_{11} \qquad (10.2\text{-}4)$$

这里特别要注意单元局部坐标系和整体坐标系的差异造成求解面积变化的不同，在整体坐标系下第二段的面积变化规律为 $\left(\frac{x}{L} \right)^2 A$，对应的整体 x 坐标变化为 L 到 $2L$。如果把第二段作为单元单独分析，其坐标系从原点开始，对应的局部 x 坐标变化为 0 到 L，这样第二段的面积变化规律应改为 $\left(\frac{x+L}{L} \right)^2 A$ 才能与实际规律相吻合。

方程（10.2-4）对应的边界边界条件为：

$$x = 0, \ u = 1; \ x = L, \ u = 0 \qquad (10.2\text{-}5)$$

由于 k_{11} 也是未知量，因此先求解方程（10.2-4）：

```
>> syms E A L k11
```

```
>> dsolve(' E * ((x + L)/L)^2 * A * Du + k11 = 0 ','x')
```

可以得到：

```
ans =
C10 + (L^2 * k11 * exp(-1))/(A * (L + x))
```

对应的解为

$$u(x) = c + \frac{k_{11}L^2}{EA(L+x)} \tag{10.2-6}$$

代入边界条件（10.2-5），可以得到：

$$u(x) = \frac{2L}{L+x} - 1 \tag{10.2-7}$$

$$k_{11} = \frac{2EA}{L} \tag{10.2-8}$$

类似的，可以得到刚度矩阵的其他元素，则基于变截面桁架单元的刚度矩阵为：

$$K = \begin{bmatrix} \dfrac{2EA}{L} & -\dfrac{2EA}{L} \\ -\dfrac{2EA}{L} & \dfrac{2EA}{L} \end{bmatrix} \tag{10.2-9}$$

这样 MATLAB 求解程序如下：

```
>> E = 2e10;A = 1000e-6;L = 1;F = 100e3;
>> k1 = E * A/L * [1,-1;-1,1];
>> k2 = E * 2 * A/L * [1,-1;-1,1];            % 变截面桁架单元刚度矩阵
>> K1 = zeros(3,3);
>> K1(1:2,1:2) = k1;
>> K2 = zeros(3,3);
>> K2(2:3,2:3) = k2;
>> K = K1 + K2;
>> FF = [0;F];
>> u = inv(K(2:3,2:3)) * FF
```

可以得到：

```
u =
    0.0050
    0.0075
```

得到节点位移以后，就可以绘制单元位移函数，这里对于第一段仍然采用线性函数，第二段基于弹性力学进行了变截面桁架单元的推导，位移函数不是线性函数，而应考虑式（10.2-7）所示的位移函数。

```
>> x1 = 0:0.01:1;
>> u1 = u(1) * x1;      % 已知两节点位移的条件下构造第一段的线性位移分布
>> x2 = 1:0.01:2;
>> u2 = u(1) * (2 * L./(L + (x2 - 1)) - 1) + u(2) * (2 - 2 * L./(L + (x2 - 1)));   % 变截面段非线性位移函数
>> plot([x1,x2],[u1,u2])
```

这里特别要注意变截面段的位移分布函数，式（10.2-7）求出的只是 $x = 0, u = 1; x = L, u = 0$ 下的解，对应的还有 $x = 0, u = 0; x = L, u = 1$ 下的解，可以采用类似的方法

求出。然后将这两个解组合在一起才能给出最终的位移函数（也就是语句 u2＝u(1)*(2*L./(L+(x2－1))－1)＋u(2)*(2－2*L./(L+(x2－1)))对应的两段函数）。另外这里的 x2 坐标给出的整体坐标，需要转化为局部坐标（x2－1）。对比解析解可以得到图10.2-8。

图中结果可以看出矩阵位移法结果和解析解是完全一样的。

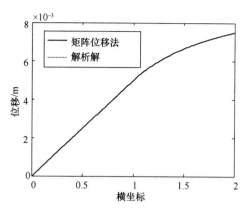

图 10.2-8　位移对比结果

10.2.3　有限单元法

既然矩阵位移法可以给出精确解，为什么还要考虑有限单元呢？因为矩阵位移法给出的精确解是基于求解弹性力学微分方程得到的，对于以上的简单问题可以求出，对于复杂问题则较难求解甚至无法得到解析解，这时当然也可以采用上述近似的矩阵位移法求解（近似为常截面单元），但是由于没有考虑变截面的特性，因此可能存在较大的误差。这时候就可以考虑采用有限单元法来求解。在推导单元刚度矩阵的过程中，与前面的矩阵位移法不同（基于材料力学或者弹性力学直接求解刚度矩阵），有限单元法首要要假设单元的位移模式。如果所假设的位移模式与真实情况一样，则有限单元法也可以给出精确解；如果给出的位移模式与真实情况不同，则有限单元法给出近似解。假设位移模式以后，下一步基于弹性力学的基本方程来建立单元刚度矩阵。

下面采用有限单元法对于桁架单元的单元刚度矩阵进行推导，首先考虑第一段，其推导过程在本章开头已经完成，可以得到其单元刚度矩阵为：

$$K=\begin{bmatrix} \dfrac{EA}{L} & -\dfrac{EA}{L} \\ -\dfrac{EA}{L} & \dfrac{EA}{L} \end{bmatrix} \tag{10.2-10}$$

对于第二段，推导过程与第一段完全一样，也是采用线性位移模式假定单元位移，这样可以得到其单元刚度矩阵为：

$$\begin{aligned}
K_e &= \iiint_V B^T DB \, dV = B^T DB \iiint_V dV \\
&= B^T DB \times \int_L^{2L} \left(\frac{x}{L}\right)^2 A dx \\
&= \begin{bmatrix} \dfrac{7EA}{3L} & -\dfrac{7EA}{3L} \\ -\dfrac{7EA}{3L} & \dfrac{7EA}{3L} \end{bmatrix}
\end{aligned} \tag{10.2-11}$$

MATLAB 程序如下：

```
>> E = 2e10;A = 1000e－6;L = 1;F = 100e3;
>> k1 = E*A/L*[1,－1;－1,1];
>> k2 = E*7/3*A/L*[1,－1;－1,1];        % 变截面桁架单元刚度矩阵
>> K1 = zeros(3,3);
```

```
>> K1(1:2,1:2) = k1;
>> K2 = zeros(3,3);
>> K2(2:3,2:3) = k2;
>> K = K1 + K2;
>> FF = [0;F];
>> u = inv(K(2:3,2:3)) * FF
```

可以得到:

```
u =
    0.0050
    0.0071
```

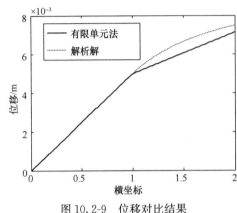

图 10.2-9　位移对比结果

得到节点位移以后可以绘制位移曲线,这里第一段和第二段位移模式都是采用的线性函数,因此直接基于线性函数进行绘制,与解析解的对比如图 10.2-9 所示。

同样,为了提高精度可以对第二段采用划分多个单元的方式进行求解。如图 10.2-5 所示,对第二段划分两个单元,这样整个结构就包含三个单元,其中第一个单元的单元刚度矩阵如式 10.2-10 所示,第二个单元的单元刚度矩阵还要采用有限元法进行推导,具体为:

 提示

这里的单元长度为 $L/2$,所以矩阵 B 中的 L 应该为 $L/2$。

$$
\begin{aligned}
K_e &= \iiint_V \mathbf{B}^T D \mathbf{B} dV = \mathbf{B}^T E \mathbf{B} \iiint_V dV \\
&= \mathbf{B}^T E \mathbf{B} \times \int_L^{1.5L} \left(\frac{x}{L}\right)^2 A dx \\
&= \begin{bmatrix} \dfrac{19EA}{6L} & -\dfrac{19EA}{6L} \\[2mm] -\dfrac{19EA}{6L} & \dfrac{19EA}{6L} \end{bmatrix}
\end{aligned}
\tag{10.2-12}
$$

第三个单元的单元刚度矩阵为:

$$
\begin{aligned}
K_e &= \iiint_V \mathbf{B}^T D \mathbf{B} dV = \mathbf{B}^T E \mathbf{B} \iiint_V dV \\
&= \mathbf{B}^T E \mathbf{B} \times \int_{1.5L}^{2L} \left(\frac{x}{L}\right)^2 A dx \\
&= \begin{bmatrix} \dfrac{37EA}{6L} & -\dfrac{37EA}{6L} \\[2mm] -\dfrac{37EA}{6L} & \dfrac{37EA}{6L} \end{bmatrix}
\end{aligned}
\tag{10.2-13}
$$

得到三个单元的刚度矩阵以后,MATLAB 求解如下:

```
>> E = 2e10;A = 1000e - 6;L = 1;F = 100e3;
>> k1 = E * A/L * [1, - 1; - 1,1];
>> k2 = E * 19/6 * A/L * [1, - 1; - 1,1];
>> k3 = E * 37/6 * A/L * [1, - 1; - 1,1];
>> K1 = zeros(4,4);
>> K1(1:2,1:2) = k1;
>> K2 = zeros(4,4);
>> K2(2:3,2:3) = k2;
>> K3 = zeros(4,4);
>> K3(3:4,3:4) = k3;
>> K = K1 + K2 + K3;
>> FF = [0;0;F];
>> u = inv(K(2:4,2:4)) * FF
```

可以得到:

```
u =

    0.0050

    0.0066

    0.0074
```

同样绘制位移曲线与解析解对比如图 10.2-10 所示。

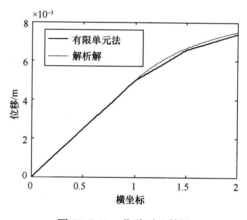

图 10.2-10 位移对比结果

对于有限单元法而言，提高精度还可以通过增加单元节点的方式实现。前面考虑的是两节点单元，下面采用三节点单元，也就是在单元中间加入一个节点，这样就有三个边界条件，三节点单元如图 10.2-11 所示。

为了求解单元刚度矩阵，就需要建立节点力 F_1、F_2、F_3 与 u_1、u_2、u_3 之间的关系。首先假设桁架单元的位移模式。由于已知位移有三个节点位移，因此假设的位移模式中包含三个未知量，这里采用如下的二次函数假设（注意与两节点单元的区别）:

$$u(x) = a_1 + a_2 x + a_3 x^2 \qquad (10.2\text{-}14)$$

图 10.2-11 三节点桁架单元

这里已知三个节点位移为: $x = 0$, $u(0) = u_1$; $x = L/2$, $u(L/2) = u_2$; $x = L$, $u(L) = u_3$。联立这三个方程就可以求得未知参数 a_1, a_2 和 a_3, 这里涉及求解三元一次方程组，求解较为复杂，可以利用 MATLAB 进行辅助求解:

```
>> syms L u1 u2 u3
>> a = inv([1,0,0;1,L/2,L^2/4;1,L,L^2]) * [u1;u2;u3]
```

得到以下结果:

```
a =
```

$$u1$$

$$(4*u2)/L - (3*u1)/L - u3/L$$

$$(2*u1)/L\hat{}2 - (4*u2)/L\hat{}2 + (2*u3)/L\hat{}2$$

所以有：

$$a_1 = u_1 \tag{10.2-15}$$

$$a_2 = \frac{4}{L}u_2 - \frac{3}{L}u_1 - \frac{1}{L}u_3 \tag{10.2-16}$$

$$a_3 = \frac{2}{L^2}u_1 - \frac{4}{L^2}u_2 + \frac{2}{L^2}u_3 \tag{10.2-17}$$

带入所假设的位移模式中可以得到：

$$u(x) = u_1 + \left(\frac{4}{L}u_2 - \frac{3}{L}u_1 - \frac{1}{L}u_3\right)x + \left(\frac{2}{L^2}u_1 - \frac{4}{L^2}u_2 + \frac{2}{L^2}u_3\right)x^2 \tag{10.2-18}$$

整理可以得到（按照 u_1，u_2，u_3 合并同类项）：

$$u(x) = \left(1 - \frac{3}{L}x + \frac{2}{L^2}x^2\right)u_1 + \left(\frac{4}{L}x - \frac{4}{L^2}x^2\right)u_2 + \left(\frac{2}{L^2}x^2 - \frac{1}{L}x\right)u_3 \tag{10.2-19}$$

写成矩阵形式为：

$$u(x) = \begin{bmatrix} N_1(x) & N_2(x) & N_3(x) \end{bmatrix} \begin{Bmatrix} u_1 \\ u_2 \\ u_3 \end{Bmatrix} = \mathbf{N}(x)\mathbf{d} \tag{10.2-20}$$

这里 $N_1(x) = 1 - \frac{3}{L}x + \frac{2}{L^2}x^2$，$N_2(x) = \frac{4}{L}x - \frac{4}{L^2}x^2$，$N_3(x) = \frac{2}{L^2}x^2 - \frac{1}{L}x$；$\mathbf{d} = \begin{bmatrix} u_1 \\ u_2 \\ u_3 \end{bmatrix}$ 为节

点位移。

通过方程（10.2-20）就得到了单元位移与杆端位移之间的关系，然后在通过弹性力学中的几何方程可以得到单元应变和杆端位移之间的关系：

$$\varepsilon = \frac{\mathrm{d}u}{\mathrm{d}x} = \left[\frac{\mathrm{d}}{\mathrm{d}x}\right]u(x)$$

$$= \left[\frac{\mathrm{d}}{\mathrm{d}x}\right]\left[1 - \frac{3}{L}x + \frac{2}{L^2}x^2 \quad \frac{4}{L}x - \frac{4}{L^2}x^2 \quad \frac{2}{L^2}x^2 - \frac{1}{L}x\right]\mathbf{d}$$

$$= \left[-\frac{3}{L} + \frac{4}{L^2}x \quad \frac{4}{L} - \frac{8}{L^2}x \quad -\frac{1}{L} + \frac{4}{L^2}x\right]\mathbf{d} = \mathbf{B}\mathbf{d} \tag{10.2-21}$$

这里 $\mathbf{B} = \left[-\frac{3}{L} + \frac{4}{L^2}x \quad \frac{4}{L} - \frac{8}{L^2}x \quad -\frac{1}{L} + \frac{4}{L^2}x\right]$。

这样就得到了单元应变和杆端位移之间的关系，通过弹性力学中的本构方程可以得到单元应力和杆端位移之间的关系：

$$\sigma = E\varepsilon = E\mathbf{B}\mathbf{d} \tag{10.2-22}$$

最后通过虚位移原理可以得到单元刚度矩阵的表达式为：

$$K_e = \iiint_V \mathbf{B}^{\mathrm{T}} D \mathbf{B} \mathrm{d}V = A\int_L \mathbf{B}^{\mathrm{T}} E \mathbf{B} \mathrm{d}x$$

$$= A\int_L \left[-\frac{3}{L} + \frac{4}{L^2}x \quad \frac{4}{L} - \frac{8}{L^2}x \quad -\frac{1}{L} + \frac{4}{L^2}x\right]^{\mathrm{T}} \tag{10.2-23}$$

$$E\left[-\frac{3}{L} + \frac{4}{L^2}x \quad \frac{4}{L} - \frac{8}{L^2}x \quad -\frac{1}{L} + \frac{4}{L^2}x\right]\mathrm{d}x$$

下面的矩阵乘法与积分较繁琐，可以采用 MATLAB 符号工具箱来辅助求解：

```
>> syms L E x
>> k_int = [- 3/L + 4/L^2 * x;4/L - 8/L^2 * x; - 1/L + 4/L^2 * x] * E * ···
[- 3/L + 4/L^2 * x,4/L - 8/L^2 * x, - 1/L + 4/L^2 * x];
>> k = int(k_int,' x',0,L)
```

这里 int 命令为符号工具箱中的求解积分命令，所得的结果为解析解。其中第一个输入为被积函数，第二个输入为积分变量，第三个和第四个输入为积分上下限。

运行以上程序可以得到：

```
k =
[   (7 * E)/(3 * L),  - (8 * E)/(3 * L),        E/(3 * L)]
[ - (8 * E)/(3 * L),  (16 * E)/(3 * L),  - (8 * E)/(3 * L)]
[        E/(3 * L),  - (8 * E)/(3 * L),   (7 * E)/(3 * L)]
```

因此计算得到的刚度矩阵为：

$$K_e = \frac{EA}{3L}\begin{bmatrix} 7 & -8 & 3 \\ -8 & 16 & -8 \\ 3 & -8 & 7 \end{bmatrix} \tag{10.2-24}$$

这个单元刚度矩阵就是桁架结构第一段在采用二次位移模式假设（三节点单元）的情况下得到的刚度矩阵。

下面基于类似的步骤可以推导第二段的单元刚度矩阵，基本步骤可以参考第一段推导过程，唯一不同之处之在最后求解积分时面积为变量而不是常数，所以积分会更加复杂一下，需要借助于 MATLAB 求解：

$$K_e = \iiint_V \mathbf{B}^{\mathrm{T}} D \mathbf{B} \mathrm{d}V = \int_L \mathbf{B}^{\mathrm{T}} E \mathbf{B} \times \left(\frac{x+L}{L}\right)^2 A \mathrm{d}x \tag{10.2-25}$$

这里要注意坐标的转换，单元刚度矩阵推导考虑的是单元局部坐标，也就是从 0 到 L，因此面积变化规律需要改为 $\left(\frac{x+L}{L}\right)^2 A$。MATLAB 求解程序如下：

```
>> k_int = [- 3/L + 4/L^2 * x;4/L - 8/L^2 * x; - 1/L + 4/L^2 * x] * E···
* [- 3/L + 4/L^2 * x,4/L - 8/L^2 * x, - 1/L + 4/L^2 * x] * (x+L)^2/L^2;
>> k = int(k_int,' x',0,L)
```

可以得到：

```
k =
[ (53 * E)/(15 * L),  - (22 * E)/(5 * L),  (13 * E)/(15 * L)]
[ - (22 * E)/(5 * L),  (64 * E)/(5 * L),   - (42 * E)/(5 * L)]
[ (13 * E)/(15 * L),  - (42 * E)/(5 * L), (113 * E)/(15 * L)]
```

因此计算得到的刚度矩阵为：

$$K_e = \frac{EA}{15L}\begin{bmatrix} 53 & -66 & 13 \\ -66 & 192 & -126 \\ 13 & -126 & 113 \end{bmatrix} \tag{10.2-26}$$

得到这两段的单元刚度矩阵就可以进行求解，MATLAB 程序如下：

```
>> E = 2e10;A = 1000e - 6;L = 1;F = 100e3;
```

```
>> k1 = E * A/3/L * [7, -8,3; -8,16, -8;3, -8,7];
>> k2 = E * A/15/L * [53, -66,13; -66,192, -126;13, -126,113];
>> K1 = zeros(5,5);
>> K1(1:3,1:3) = k1;
>> K2 = zeros(5,5);
>> K2(3:5,3:5) = k2;
>> K = K1 + K2;
>> FF = [0;0;0;F];
>> u = inv(K(2:5,2:5)) * FF
```

可以得到：

```
u =
    0.0025
    0.0050
    0.0066
    0.0075
```

得到节点位移以后，就可以基于单元位移模式来绘制位移曲线，这里采用的二次函数位移模式，因此位移曲线基于二次函数来绘制，MATLAB 命令如下：

```
>> x1 = 0:0.01:1;
>> u1 = (4/L * x1 - 4/L^2 * x1.^2) * u(1) + (2/L^2 * x1.^2 - 1/L * x1) * u(2);    %直接利用 u = N(x)d 来计算
>> x2 = 1:0.01:2;
>> x2_1 = x2 - 1;
>> u2 = (1 - 3/L * x2_1 + 2/L^2 * x2_1.^2) * u(2) + (4/L * x2_1 - 4/L^2 * x2_1.^2)···
* u(3) + (2/L^2 * x2_1.^2 - 1/L * x2_1) * u(4);
1/L * x2_1) * u(4);                                                    %直接利用 u = N(x)d 来计算
>> plot([x1,x2],[u1,u2])
```

对比结果如图 10.2-12 所示。

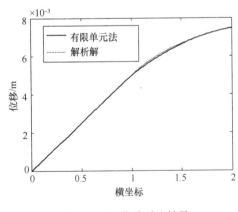

图 10.2-12　位移对比结果

从图中的结果可以看出即使第一个单元采用二次函数假设，由于其实际变形为一次函数，所以最后得到的结果仍然是一次函数。而对于第二段而言，采用二次函数的逼近精度就要好于一次函数的结果，甚至比采用第二段划分两个线性单元的精度还要好一些，不过计算会稍微复杂一些。

另一方面，在求解得到节点位移以后，有限单元法在进一步求解单元位移和应力应变等变量上也有很大的优势，矩阵位移法需要根据材料力学或者弹性力学来继续求解其他相关变量（可以参考矩阵位移法求精确解位移曲线的内容），而有限单元法在推导过程中已经建立了节点位移和单元位移以及应变应力等变量的关系，因此可以直接基于公式求解（可以参考有限单元法考虑三节点单元时绘制位移曲线的程序）。

参 考 文 献

[1] 混凝土结构设计规范(GB 50010—2010)[s]. 北京：中国建筑工业出版社，2010.

[2] 建筑抗震设计规范(GB 50011—2010)[s]. 北京：中国建筑工业出版社，2010.

[3] 建筑结构荷载规范(GB 50009—2012)[s]. 北京：中国建筑工业出版社，2012.

[4] 高层建筑混凝土结构技术规程(JGJ 3—2011)[s]. 北京：中国建筑工业出版社，2011.

[5] 建筑地基基础设计规范(GB 50007—2011)[s]. 北京：中国建筑工业出版社，2011.

[6] 孙海林. 手把手教你建筑结构设计(第二版)[M]. 北京：中国建筑工业出版社，2014.

[7] 郭仕群，杨震. PKPM 结构设计与应用实例[M]. 北京：机械工业出版社，2016.

[8] 杨星，赵钦. PKPM 结构建筑结构 CAD 软件教程[M]. 北京：中国建筑工业出版社，2010.

[9] 杨星. PKPM 结构软件从入门到精通[M]. 北京：中国建筑工业出版社，2008.

[10] 王玉镯，傅传国. ABAQUS 结构工程分析及实例详解[M]. 北京：中国建筑工业出版社，2010.

[11] 石亦平. ABAQUS 有限元分析实例详解[M]. 北京：机械工业出版社，2006.

[12] 庄苗. 基于 ABAQUS 的有限元分析和应用[M]. 北京：清华大学出版社，2009.

[13] 曹金凤. 石亦平. ABAQUS 有限元分析常见问题解答[M]. 北京：机械工业出版社，2011.

[14] 曹金凤. 王旭春，孔亮. Python 语言在 Abaqus 中的应用[M]. 北京：机械工业出版社，2011.

[15] 齐威. ABAQUS 6.14 超级学习手册[M]. 北京：人民邮电出版社，2016.

[16] 江丙云，孔祥宏，罗元元. CAE 分析大系：ABAQUS 工程实例详解[M]. 北京：人民邮电出版社，2014.

[17] 刘展. CAE 分析大系：ABAQUS 有限元分析从入门到精通[M]. 北京：人民邮电出版社，2015.

[18] 许丽佳，穆炯. MATLAB 程序设计及应用[M]. 北京：清华大学出版社，2012.

[19] 刘加海，严冰，季江民等. MATLAB 可视化科学计算[M]. 杭州：浙江大学出版社，2014.

[20] 周建兴，岂兴明，矫津毅等. MATLAB 从入门到精通[M]. 北京：人民邮电出版社，2012.

[21] Amar Khennane. Introduction to finite element analysis using Matlab and Abaqus. CRC Press. 2013.

[22] Klaus-jurgen Bathe. Finite element procedures. Prentice Hall，1996.